SHUKONG DIANHUOHUA
XIAN QIEGE JIAGONG SHIYONG JISHU

# 数控电火花线切割加工实用技术

王朝琴　王小荣　编著

化学工业出版社
·北京·

**图书在版编目（CIP）数据**

数控电火花线切割加工实用技术/王朝琴，王小荣编著．—北京：化学工业出版社，2018.10（2025.2重印）
ISBN 978-7-122-32804-5

Ⅰ.①数…　Ⅱ.①王…②王…　Ⅲ.①数控线切割-电火花线切割　Ⅳ.①TG484

中国版本图书馆CIP数据核字（2018）第180793号

责任编辑：王　烨　　文字编辑：陈　喆
责任校对：宋　夏　　装帧设计：刘丽华

出版发行：化学工业出版社（北京市东城区青年湖南街13号　邮政编码100011）
印　　装：北京科印技术咨询服务有限公司数码印刷分部
710mm×1000mm　1/16　印张11　字数205千字　2025年2月北京第1版第12次印刷

购书咨询：010-64518888　　售后服务：010-64518899
网　　址：http：//www.cip.com.cn
凡购买本书，如有缺损质量问题，本社销售中心负责调换。

**定　　价：49.80元**　

# 前言

PREFACE

随着工业生产水平的发展和科学技术的进步，人们对物品质量的要求也越来越高，一系列具有高熔点、高硬度、高强度、高脆性、高黏性和高纯度等性能的新材料也不断地涌现出来；同时，具有各种复杂结构与特殊工艺要求的工件逐渐增多，导致传统的机械加工方法不能加工或难以加工。而数控电火花线切割加工方法能够适应生产发展的需要，完成传统机床不能完成的工作，并在应用中显示出很多优异的性能，故而得到了迅速发展和日益广泛的应用。

数控电火花线切割机床是进行线切割的基本设备，其主要加工过程是依靠电极丝的放电从而使得工件与电极丝之间产生局部高温，通常能达到10000℃左右，普通材料在这种高温之下被瞬间熔化实现切割加工。

本书旨在全面而深入地介绍电火花线切割机床编程的基本技术和加工实例，主要包括电火花线切割机床及基本操作过程、数控电火花线切割加工原理、3B编程及应用、基于HL系统的绘图编程及应用、复杂曲线的建模及DXF文件输出、基于CAXA线切割的轨迹仿真及程序生成、电火花线切割表面质量控制及断丝原因分析等内容。本书内容全面，理论与实践并重，对于初学者和具有电火花线切割基础的读者都有一定的学习和参考价值。

本书由王朝琴、王小荣编著。张红、陈德道等为本书编写提供了很多帮助，在此表示感谢。

由于编者时间有限，书中难免有不足之处，敬请读者批评指正。

编著者

# 前言

[illegible]

编者

# 目录

CONTENTS

## 第1章　电火花线切割机床及基本操作过程



## 第2章　数控电火花线切割加工原理

## 第3章 3B编程及应用



## 第4章 基于HL系统的绘图编程及应用

## 第5章 复杂曲线的建模及DXF文件输出



## 第6章 基于CAXA线切割的轨迹仿真及程序生成

## 第7章 电火花线切割表面质量控制及断丝原因分析

第1章

# 电火花线切割机床及基本操作过程

## 1.1 电火花线切割机床

电火花线切割机床是进行线切割的基本设备，其性能的好坏直接影响到线切割工件的精度及表面粗糙度，了解电火花线切割机床各组成部分在线切割中所起作用，有利于加工出高品质的工件，图 1-1 为线切割机床。

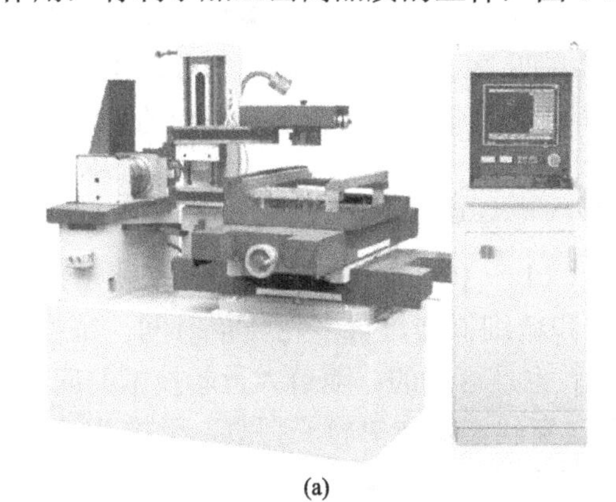

(a)

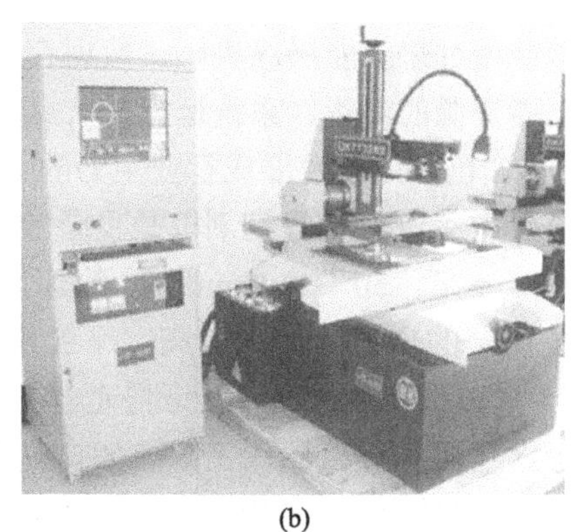

(b)

图 1-1 线切割机床

### 1.1.1 线切割机床的发展史

电火花线切割机是机械加工中诞生较晚的一个，初始于 20 世纪 60 年代，发展于 70 年代，普及于 80 年代，现今已到了上台阶上档次的年代。很多人，特别是模具行业人员很久以来就奢望有一种手段，像“钢丝锯”切木头一样地切割钢铁，特别是淬火有硬度的。既解决复杂形状问题，又解决内外尖角和清根问题。

20 世纪 50 年代，电火花加工技术开始被认识，电火花机床开始进入加工领域，虽然当时只能解决硬度问题，打些丝锥钻头之类。但这是电加工在模具行业大行其道的开始。这时人们已经认识到如果“钢丝锯”加上“电火花”，“锯”有硬度的淬火钢应是可能的。于是，让一个轴上储的大量铜丝经两个导向轮缠绕到另一个储丝轴上，两个导向轮间放上工件，工件接 RC 电源的正极，铜丝接 RC 电源的负极，就实现了火花切割——“电火花线切割”。尽管当时两个储丝轴像电影片盘一样地更换，尽管当时以各种摩擦方式制造丝的张力，也尽管当时以防锈防臭的磨床冷却液作加工液，毕竟实现了“线电极火花切割”。

20 世纪 60 年代初期，某些军工企业和模具行业骨干厂以技术革新、自制自用的形式开始制造“线切割”设备。大多是用铜丝、丝速 2 ～ 5m/min、RC 电源，至多是电子管脉冲源，控制方式也多是手摇和靠模。就这样切出的如山字形矽钢片和电子管极板冲模仍是令人瞩目。随着电子控制技术发展，放大样板、仿形和光电跟踪的控制方式也一度推动了线切割的进步。但当时的厂家都造出了风格各具的线切割机床。只是没能工业化、商业化。

20 世纪 80 年代是线切割机床大普及的年代，线切割成了模具行业的主力军，成了机械行业发展最快的新工种。以致现在模具行业的不少从业人员离开线切割就不知道怎么生产模具。硬度高形状复杂就无从下手。

计算机在 20 世纪 90 年代得到极大普及，在电火花线切割机床上的应用也得到长足发展，用计算机现成的系统，把绘图软件修补改造就能编程，功能控制和接口嫁接过来就能操纵机床，数据存储和图形显示都是线切割的强项。当然，强大功能资源的浪费、系统运行的可靠性、缺乏易学易懂易普及且实用的软件，是困扰 PC 机大面积发展成行业主力的关键。

快走丝电火花线切割机是我国特有的，其结构简单、廉价、低耗、高可靠性，运行成本低，50 ～ 100mm/min 的速度，0.01 ～ 0.02mm 的精度，尚能满足绝大多数场合的需求。如果有高水平的维护和精细操作，再多花一倍时间，精度到 0.005 ～ 0.01mm，光洁度接近慢走丝效果，也是可能的；随着大量新技术的应用，慢走丝线切割机也日臻完善，如自打孔自穿丝，从加热拉长捋直，丝端头处理，细管向工件面的引导定位，高压水的承托和穿认，接触传感，到穿丝成功的判定，简直是精密传动自动控制的典范。再如恒张力系统，利用软铁盘在磁粉中转动的阻尼、磁场中转子的发电效应、双电机的差速差力，反馈控制取得准确的张力。慢速和纯水也使火花不暴露的浸泡加工成为可能，窄脉宽大峰值的应用，使厚度加工能力和最大加工速度也达到很高的水准。很大程度上，购置慢走丝线切割机成了“追求精度、注重质量、经济实力”的一种展示。

总之，快慢走丝呈相互弥补，相互竞争，相互促进，各具特色，各展所长，将是长期共存的局面。快走丝电火花线切割机床不经铺垫直接卖到国外的可能性很小，慢走丝也不可能把快走丝淘汰出局。凭借快走丝的廉价和实用，用示范推广的办法首先介绍到国外的某个地区，被认识和采用的可能也是有的。

## 1.1.2　线切割机床所加工的零件及占据的领域

电火花线切割机主要用于对各类模具、电极、精密零部件制造，硬质合金、淬火钢、石墨、铝合金、结构钢、不锈钢、钛合金、金刚石等各种导电体的复杂型腔和曲面形体加工。采用电脑控制系统，全中文自动绘图编程、控制软件。图1-2、图1-3为线切割机床加工的一些复杂零件。

图 1-2　蝴蝶

图 1-3　齿轮

从图中的零件可以看出线切割对于一些复杂零件的加工作用是相当大的，同时在模具的加工中起到主导的作用，因为电火花线切割机床的加工刀具是钼丝、铜丝等，它的直径一般在0.18～0.25mm，可想而知，它的加工误差是很小的，精度是很高的；又因为数控电火花线切割机具有性能优异、工作可靠、操作简单、价格低廉、经济耐用等优点，广泛用于汽车、电子、仪器、精密机械、轻工业等各行各业。

## 1.1.3　线切割机床的组成

电火花线切割机床主要由3大部分组成，分别是机床主体、脉冲电源和控制器。如图1-4（a）为高速走丝线切割机床，图1-4（b）为低速走丝线切割机床。

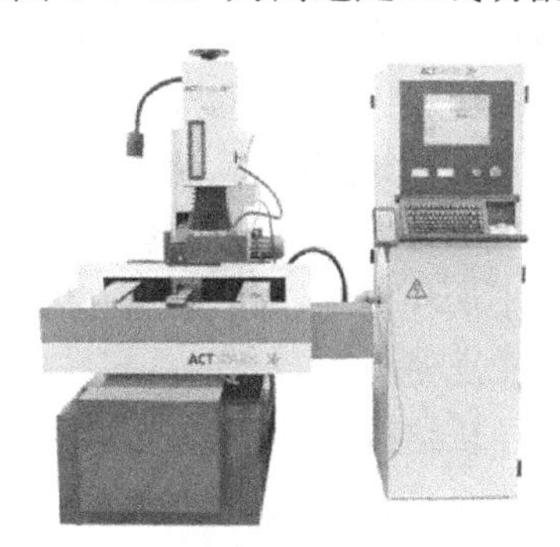

(a) 高速走丝线切割机床

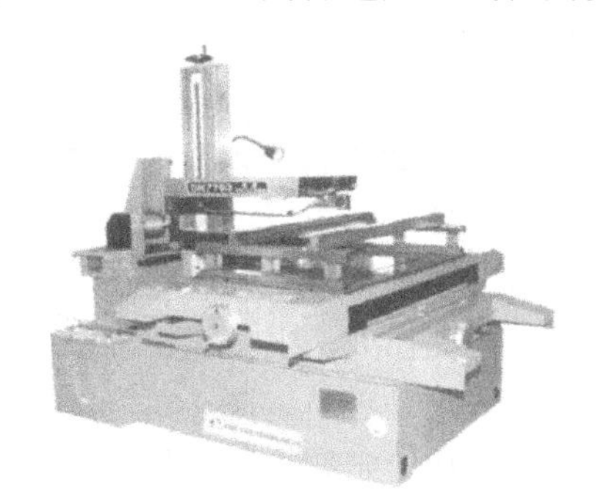

(b) 低速走丝线切割机床

图 1-4　电火花线切割机床

#### 1.1.3.1 机床主体

机床主体是电火花线切割机床的主要部分，由 X、Y 坐标工作台、储丝走丝机构、丝架、导轮、床身和工作液循环系统组成。

（1）X、Y 坐标工作台

工作台起装夹工件的作用，主要由上下托板、导轨、丝杠传动副和齿轮副 4 部分组成。控制器控制步进电机将动力通过齿轮变速机构传递给丝杠螺母副，再由丝杠螺母副控制托板作 X、Y 方向运动，从而获得指定的工作加工轨迹。

① 托板　托板主要由下托板、中托板、上托板（工作台）组成。通常下托板与床身固定连接；中托板置于下托板之上，运动方向为坐标 Y 方向；上托板置于中托板之上，运动方向为坐标 X 方向。其中上、中托板一端呈悬臂形式，以放置步进电动机。

为在减轻质量的条件下，增加托板的结合面，提高工作台的刚度和强度，应使上托板在全行程中不伸出中托板，中托板不伸出下托板。这种结构使坐标工作台所占面积较大，通常电机置于托板下面，增加了维修的难度。

② 导轨　坐标工作台的纵、横托板是沿着导轨往复移动的。因此，对导轨的精度、刚度和耐磨性有较高的要求。此外，导轨应使托板运动灵活、平稳。

线切割机床常选用滚动导轨。因为滚动导轨可以减少导轨间的摩擦阻力，便于工作台实现精确和微量移动，且润滑方法简单。缺点是接触面之间不易保持油膜，抗振能力较差。滚动导轨有滚珠导轨、滚柱导轨和滚针导轨等几种形式。在滚珠导轨中，滚珠与导轨是点接触，承载能力不能过大。在滚柱导轨和滚针导轨中，滚动体与导轨是线接触，因此有较大承载能力。为了保证导轨精度，各滚动体的直径误差一般不应大于 0.001mm。

在线切割机床中，常用的滚动导轨有以下两种。

a. 力封式滚动导轨　力封式是借助运动件的重力将导轨副封闭而实现给定运动的结构形式。图 1-5 是力封式滚动导轨结构简图，承导件有两根 V 形导轨。运动件上两根与承导件相对应的导轨中，一根是 V 形导轨，另一根是平导轨。这种结构具有较好的工艺性，制造、装配、调整都比较方便；同时，导轨与滚珠的接触面也较大，受力较均匀，润滑条件较好（因 V 形面朝上，易于储油）。缺点是托板可能在外力作用下，向上抬起，并因此破坏传动。当搬运具有这种导轨形式的机床时，必须将移动件夹紧在床身上。对于滚柱、滚针导轨，也常采用上述组合方式，因此在大、中型线切割机床中得到广泛使用。

b. 自封式滚动导轨　图 1-6 是自封式滚动导轨结构简图。自封式是指由承导件保证运动件按给定要求运动的结构形式。其优点是运动受外力影响，防尘条件好。但结构复杂，每个 V 形槽两侧面受力不均，工艺性比较差。

此外，还有“角尺”型滚珠寻轨、弧型导轨等组合结构。

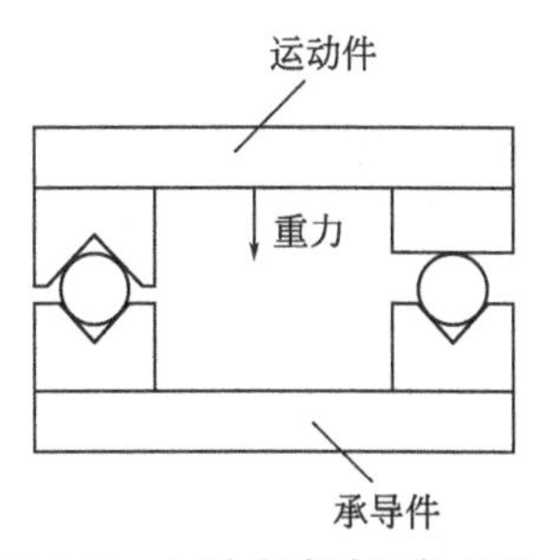


图 1-5　力封式滚动导轨结构简图

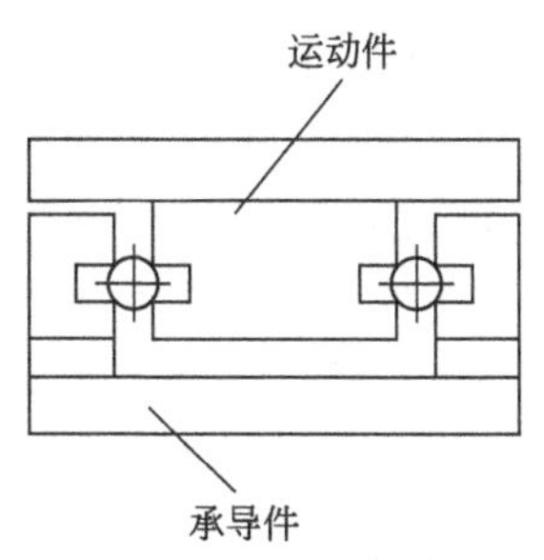


图 1-6　自封式滚动导轨结构简图

在大、中型线切割机床上，也有用导向导轨和承载导轨的。导向导轨配置在切割加工区域内，两侧有承载导轨。导向导轨与承载导轨皆为精密滚针导轨，有预应力的滚针镶嵌在淬硬、磨光的钢条上。这种结构的导轨精度高、刚度好、承载支点跨距大；同时热变形对称、直线性好、横向剪切力不变。

工作台导轨一般采用镶件式。由于滚珠、滚柱和滚针与导轨是点接触或线接触。导轨单位面积上承受的压力很大，同时滚珠、滚柱和滚针硬度较高，所以导轨应有较高的硬度。为了保证运动件运动的灵活性和准确性，导轨的表面粗糙度 *Ra* 值应在 0.8μm 以下，工作面的平面度应为 0.005/400mm。导轨的材料一般采用合金工具钢（如 CrWMn、GCr15 等）。为了最大限度地消除导轨在使用中的变形，导轨应进行冰冷处理和低温时效。

③ 丝杠传动副　丝杠传动副的作用是将传动电动机的旋转运动变为托板的直线运动。要使丝杠副传动精确，丝杠与螺母就必须精确，一般应保证 6 级或高于 6 级的精度。

丝杠副的传动齿形一般分三角普通螺纹、梯形螺纹和圆弧形螺纹三种。三角普通螺纹和梯形螺纹结构简单、制造方便、精度易于保证。因此，在中、小型线切割机床的丝杠传动副中得到广泛应用。这种丝杠副传动为滑动摩擦，传动效率较高。大、中型线切割机床常采用圆弧形螺纹滚珠丝杠；滚珠丝杠传动副目前广泛用于线切割机床坐标工作台托板的运动传动结构中，滚珠丝杠传动副能够有效地消除丝杠与螺母间的配合间隙，可使托板的往复运动灵活、精确。

丝杠和螺母之间不应有传动间隙，以防止转动方向改变时出现空程现象，造成加工误差。所以，一方面要保证丝杠和螺母齿形与螺距等方面的加工精度；另一方面要消除丝杠和螺母间的配合间隙，通常有以下两种方法。

a. 轴向调节法　利用双螺母、弹簧消除丝杠副传动间隙的方法是简便易行的（图 1-7）。当丝杠正转时，带动螺母 1 和托板一起移动；当丝杠反转时，则推动副螺母 3，通过弹簧 2 和螺母 1，使托板反向移动。装配和调整时，弹簧的压缩状态要适当。弹力过大，会增加丝杠对螺母和副螺母之间的摩擦力，影响传动的灵活性和使用寿命；弹力过小，在副螺母受丝杠推动时，弹簧推动不了托板，不能起到消除间隙的作用。

b. 径向调节法　图 1-8 为径向丝杠副间隙的结构。螺母一端的外表面呈圆锥形，沿径向铣出三个凸槽，颈部壁厚较薄，以保证螺母在径向收缩时带有弹性。圆锥底部处的外圆柱面上有螺纹，用带有锥孔的调整螺母与之配合，使螺母三爪径向压向或离开丝杠，消除螺母的径向和轴向间隙。

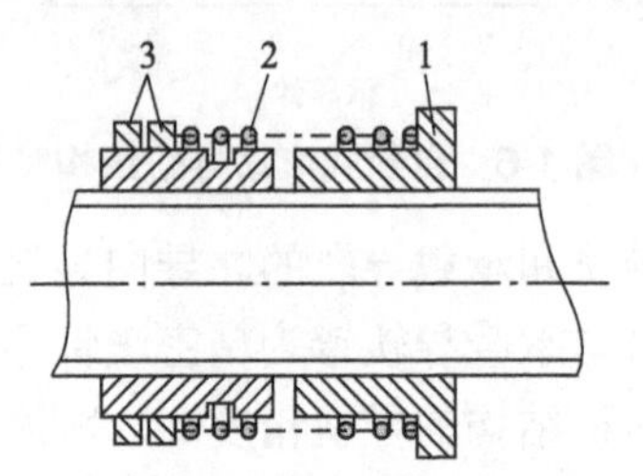


**图 1-7　双螺母弹簧消除间隙的结构**

1—螺母；2—弹簧；3—副螺母

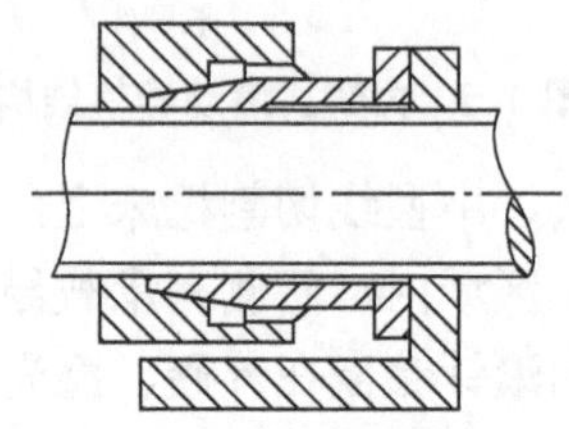

**图 1-8　径向丝杠副间隙的结构**

④ 齿轮副　步进电动机与丝杠间的传动通常采用齿轮副来实现。由于齿侧间隙、轴和轴承之间的间隙及传动链中的弹性变形的影响，当步进电动机主轴上的主动齿轮改变转动方向时，会出现传动空程。为了减少和消除齿轮传动空程，应当采取以下措施：

a. 采用尽量少的齿轮减速级数，力求从结构上减少齿轮传动精度的误差。

b. 采用齿轮副中心距可调整结构，通过改变步进电机的固定位置来实现。

c. 将被动齿轮或介轮沿轴向剖分为双轮的形式。装配时应保证两轮齿廓分别与主动轮齿廓的两侧面接触，当步进电动机变换旋转方向时，丝杠能迅速得到相应反应。

步进电动机的安装位置有两种：一种是置于托板的一侧端部；另一种是固定在可移动托板的下面，齿轮传动副也固定在托板下面的相应位置上。步进电动机的固定位置对托板的结构方式有着很大的影响。

（2）储丝走丝机构

高速走丝机构主要用来带动电极丝按一定线速度移动，并将电极丝整齐地排在储丝筒上。

① 对高速走丝机构的要求

a. 高速走丝机构的储丝筒转动时，还要进行相应的轴向移动，以保证电极丝在储丝筒上整齐排绕。

b. 储丝筒的径向跳动和轴向窜动量要小。

c. 储丝筒能正反向旋转，电极丝的走丝速度在 7 ～ 10m/s 内无级或有级可调，或恒速运转。

d. 走丝机构最好与床身相互绝缘。

e. 传动齿轮副、丝杠副应具备润滑措施。

② 高速走丝机构的结构及特点　高速走丝机构由储丝筒组合件、上下托板、齿轮副、丝杠副、换向装置和绝缘件等部分组成。

储丝筒组合件主要结构如图 1-9 所示，储丝筒 1 由电动机 2 通过简单型弹性圆柱销联轴器 3 带动，以 1450r/min 的转速正反向转动。储丝筒另一端通过三对齿轮减速后带动丝杠 4。储丝筒、电动机、齿轮都安装在两个支架 5 及 6 上。支架及丝杠则安装在托板 7 上，螺母 9 装在底座 8 上，托板在底座上来回移动。螺母具有消除间隙的副螺母及弹簧，齿轮及丝杠螺距的搭配使滚筒每旋转一周托板移动 0.20mm。所以，该储筒适用于 $\phi$0.19mm 以下的钼丝。

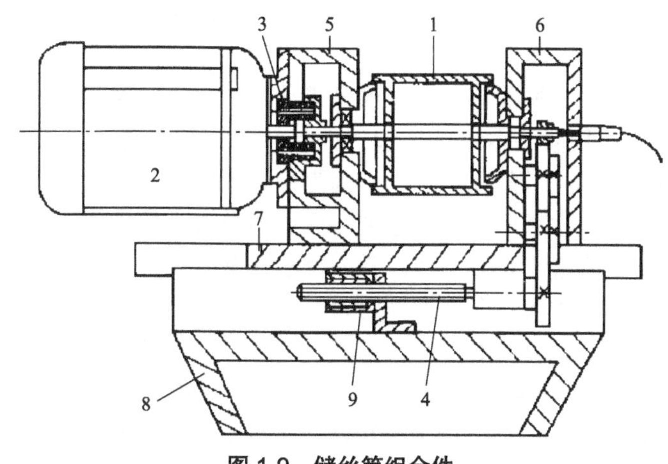


**图 1-9　储丝筒组合件**

1—储丝筒；2—电动机；3—联轴器；4—丝杠；5,6—支架；7—托板；8—底座；9—螺母

储丝筒运转时应平稳，无不正常振动。滚筒外圆振摆应小于 0.03mm，反向间隙应小于 0.05mm，轴向窜动应彻底消除。

高频电源的负端通过炭刷送到储丝筒轴的尾部，然后传到钼丝上。炭刷应保持良好接触，防止机油或其他脏物进入接触区。

储丝筒本身作高速正反向转动，电动机、滚筒及丝杠的轴承应定期拆洗并加润滑脂，换油期限可根据使用情况具体决定。其余中间轴、齿轮、燕尾导轨及丝杠、螺母等每班应注润滑油一次。随机附有摇手把一只，可插入滚筒尾部的齿轮槽中摇动储丝筒，以便绕丝。

a. 储丝筒旋转组合件　储丝筒旋转组合件主要由储丝筒、联轴器和轴承座组成。

• 储丝筒。储丝筒是电极丝稳定移动和整齐排绕的关键部件之一，一般用 45 钢制造。为减小转动惯量，筒壁应尽量薄，按机床规格不同，选用范围为 1.5 ～ 5mm。为进一步降低转动惯量，也可选用铝镁合金材料制造。储丝筒壁厚要均匀，工作表面要有较好的表面粗糙度，一般 *Ra* 为 0.8μm。为保证丝筒组合件动态平衡，应严格控制内孔、外圆对支承部分的同轴度。

储丝筒与主轴装配后的径向跳动量不大于0.01mm。一般装配后，以轴的两端为中心孔定位，重磨储丝筒外圆与轴承配合的轴径。

• 联轴器。走丝机构中运动组合件的电动机轴与储丝筒中心轴，一般不采用整体的长轴，而是利用联轴器将二者连在一起。由于储丝筒运行时频繁换向，联轴器瞬间受到正反剪切力很大，因此多用弹性联轴器和摩擦锥式联轴器。

弹性联轴器：弹性联轴器结构简单，惯性力矩小，换向较平稳，无金属撞击声，可减小对储丝筒中心轴的冲击。弹性材料采用橡胶、塑料或皮革。这种联轴器的优点是允许电动机轴与储丝筒轴稍有不同心和不平行（如最大不同心允许为0.2～0.5mm，最大不平行为1°），缺点是由它连接的两根轴在传递扭矩时会有相对转动。

摩擦锥式联轴器：摩擦锥式联轴器可带动转动惯量较大的大、中型机床储丝筒旋转组合件。此种联轴器可传递较大的转矩，同时在传动负荷超载时，摩擦面之间的滑动还可起到过载保护作用。因为锥形摩擦面会对电动机和储丝筒产生轴向力，所以在电机主轴的滚动支承中，应选用向心止推轴承和单列圆锥滚子轴承。另外，还要正确选用弹簧规格。弹力过小，摩擦面打滑，使传动不稳定或摩擦面过热烧伤；弹力过大，会增大轴向力，影响中心轴的正常转动。

b. 上下托板　走丝机构的上下托板多采用下面两种滑动导轨。

• 燕尾型导轨。这种导轨结构紧凑，调整方便。旋转调整杆带动塞铁，可改变导轨副的配合间隙。但该结构制造和检验比较复杂，刚性较差，传动中摩擦损失也较大。

• 三角、矩形组合式导轨。图1-10为三角、矩形组合式导轨结构。导轨的配合间隙由螺钉和垫片组成的调整环来调节。

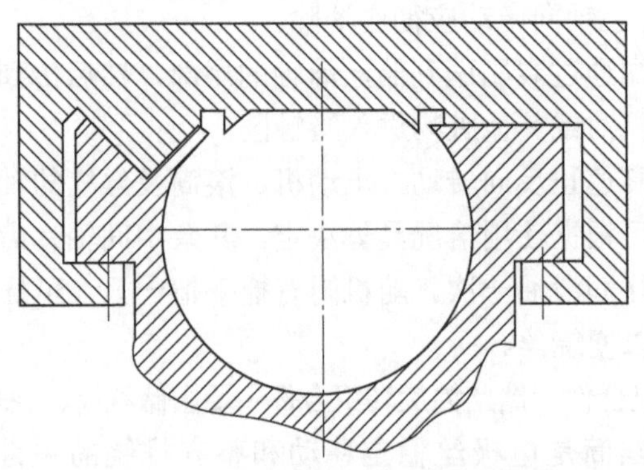

**图1-10　三角、矩形组合式导轨结构**

由于储丝筒走丝机构的上托板一边装有运丝电动机，储丝筒轴向两边负荷差较大。为保证上托板能平稳地往复移动，应把下托板设计得较长以使走丝机构工作时，上托板部分可始终不滑出下托板，从而保持托板的刚度、机构的稳定性及运动精度。

c. 齿轮副与丝杠副　走丝机构上托板的传动链是由 2 ～ 3 级减速齿轮副和 1 级丝杠副组成的。它使储丝筒在转动的同时，作相应的轴向位移，保证电极丝整齐地排绕在储丝筒上。在大、中型线切割机床中，走丝机构常常通过配换齿轮改变储丝筒的排丝筒的排丝距离，以适应排绕不同直径电极丝的要求。丝杠副一般采用轴向调节法来消除螺纹配合间隙。为防止走丝电动机换向装置失灵，导致丝杠副和齿轮副损坏，在齿轮副中，可选用尼龙齿轮代替部分金属齿轮。这不但可在电动机换向装置失灵时，由于尼龙齿轮先损坏，保护丝杠副与走丝电动机，还可减少振动和噪声。

d. 绝缘、润滑方式

• 走丝机构的绝缘一般采用绝缘垫圈和绝缘垫块，方法简单易行。在一些机床中，也有用绝缘材料制成连接储丝筒和轴的定位板实现储丝筒与床身绝缘的。这种方法的缺点是，储丝筒组合件装卸时精度易改变。

• 润滑方式有人工润滑和自动润滑两种。人工润滑是操作者用油壶和油枪周期地向相应运动副加油的润滑方式；自动润滑为采用灯芯润滑、油池润滑或油泵供油的集中润滑系统。采取润滑措施，能减少齿轮副、丝杠副、导轨副和滚动轴承等运动件的磨损，保持传动精度；同时能减少摩擦面之间的摩擦阻力及其引起的能量损失。此外，还有润滑接触面和防锈的作用。

（3）丝架、导轮部件的结构

丝架与走丝机构组成了电极丝的运动系统。丝架的主要功用是在电极丝按给定线速度运动时，对电极丝起支撑作用，并随电极丝工作部分与工作台平面保持一定的几何角度。

对丝架的要求是：

• 具有足够的刚度和强度。在电极丝运动（特别是高速走丝）时不应出现振动和变形。

• 丝架的导轮有较高的运动精度，径向偏摆和轴向窜动不超过 5μm。

• 导轮与丝架本体、丝架与床身之间有良好的绝缘性能。

• 导轮运动组合件有密封措施，可防止带有大量放电产物和杂质的工作液进入导轮轴承。

• 丝架不但能保证电极丝垂直于工作台平面，在具有锥度切割功能的机床上，还具备能使电极丝按给定要求保持与工作台平面呈一定角度的功能。

丝架按功能可分为固定式、升降式和偏移式三种类型。按结构可分为悬臂式和龙门式两种类型。

① 丝架本体结构　目前，中、小型线切割机床的丝架本体常采用单柱支撑、

双臂悬梁式结构。由于支撑电极丝的导轮位于悬臂的端部，同时电极丝保持一定张力，因此应加强丝架本体的刚度和强度，可使丝架的上下悬臂在电极丝运动时不至振动和变形。

为了进一步提高刚度和强度，在上下悬臂间增加加强筋的结构。大型线切割机床的丝架本体有的采用龙门结构。这时，工作台托板只沿一个坐标方向运动，另一个坐标方向的运动通过架在横梁上的丝架托板来实现。

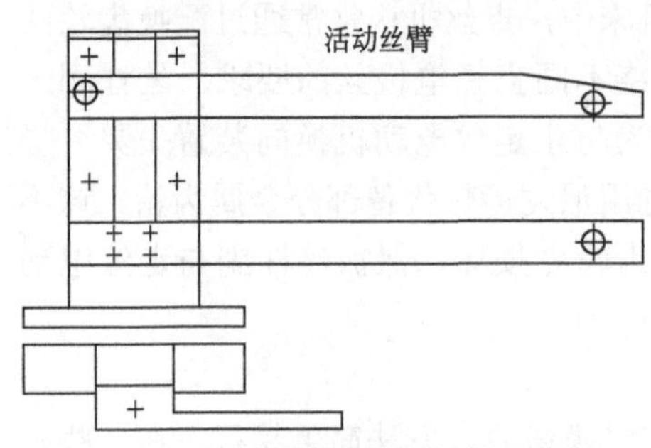

图 1-11 可调式丝架本体结构示意图

此外，针对不同厚度的工件，还可采用丝臂张开高度可调的分离式结构（图 1-11）。活动上臂在导轨上滑动，上下移动的距离由丝杠副调节。松开固定螺钉时，旋转丝杠带动固定于上臂体的丝母，使上臂移动。调整完毕后，拧紧固定螺钉，上臂位置便固定下来；为了适应丝架丝臂张开高度的变化，在丝架上下部分应增设副导轮（图 1-12）。

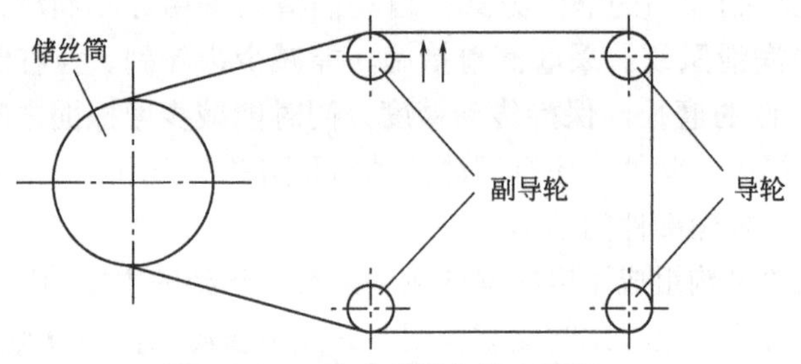

图 1-12 可移动丝臂走丝示意图

② 导轮部件结构

a. 对导轮运动组合件的要求

• 导轮 V 形槽面应有较高的精度。V 形槽底的圆弧半径必须小于选用的电极丝半径，保证电极丝在导轮槽内运动时不产生轴向移动。

• 在满足一定强度要求下，应尽量减轻导轮质量，以减少电极丝换向时电极丝与导轮间的滑动摩擦。导轮槽工作面应有足够的硬度，以提高其耐磨性。

• 导轮装配后转动应轻便灵活，尽量减少轴向窜动和径向跳动。

• 进行有效的密封，以保证轴承的正常工作条件。

b. 导轮运动组合件的结构　导轮运动组合件结构主要有三种：悬臂支承结构、双支承结构和双轴尖支承结构。

悬臂支承结构简单，上丝方便。但因悬臂支承，张紧的电极丝运动的稳定性较差，难于维持较高的运动精度，同时也影响导轮和轴承的使用寿命。

双支承结构为导轮居中，两端用轴承支承，结构较复杂，上丝较麻烦。但此结构的运动稳定性较好，刚度较高，不易发生变形及跳动。

双轴尖支承结构。导轮两端加工成30°的锥形轴尖，硬度在60HRC以上。轴承由红宝石或锡磷古铜制成。该结构易于保证导轮运动组合件的同轴度，导轮轴向窜动和径向跳动量可控制在较小的范围内。缺点是轴尖运动副摩擦力大，易于发热和磨损。为补偿轴尖运动副的磨损，利用弹簧的作用力使运动副良好接触。

此外，导轮支承有的还采用滑动支承结构。

c. 导轮的材料　为了保证导轮轴径与导向槽的同轴度，一般采用整体结构。导轮要求用硬度高、耐磨性好的材料制成（如GCr15、W18Cr4V），也可选用硬质合金或陶瓷材料制造导轮的镶件来增强导轮V形工作面的耐磨性和耐蚀性。

d. 导轮组合件的装配　导轮组合件装配的关键是消除滚动轴承中的间隙，避免滚动体与套环工作表面在负荷作用下产生弹性变形，以及由此引起的轴向窜动和径向跳动。因此，常用对轴承施加预负荷的方法来解决。通常是在两个支承轴承的外环间放置一定厚度的定位环来获得轴承的预负荷。预加负荷必须适当选择，若轴承受预加负荷过大，在运转时会产生急剧磨损。同时，轴承必须消洗得很洁净，并在显微镜下检查滚道内是否有金属粉末、碳化物等。轴承经清洗、干燥后，填以高速润滑脂，起润滑和密封作用。

③ 电极丝保持器　保持器主要是对电极丝往复运动起限位作用，以提高位置精度。当保持器用于保证电极丝顺序排绕时，一般置于上、下丝臂靠近储丝筒的一端（图1-13），使上、下保持器左右相对偏移。保持器的定位圆柱面应从相应中心位置对称地左右调节，使电极丝走向与导轮V形槽夹角尽量小，有利于导轮的正常使用。图1-14的V形宝石架用于保持电极丝运动的位置精度时，不应对电极丝产生较大的压力。圆柱式保持器可以用硬质合金和红宝石、蓝宝石制成。目前使用的有圆弧形、V形、#形等方式。

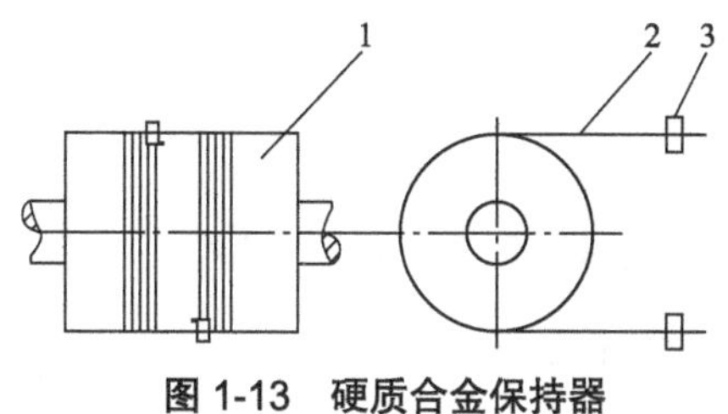


**图1-13　硬质合金保持器**

1—储丝筒；2—钼丝；3—硬质合金块

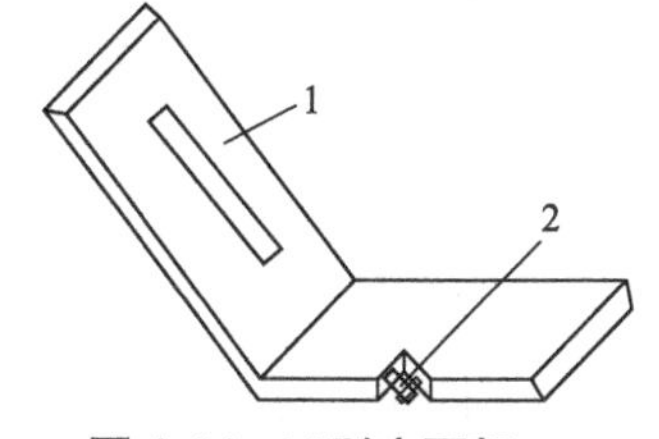


**图1-14　V形宝石架**

1—保持器架；2—V形宝石保持器

（4）工作液系统

在电火花线切割加工过程中，需要稳定地供给有一定绝缘性能的工作介质——工作液，以冷却电极丝和工件，排除电蚀产物等，这样才能保证放电持续进行。一般线切割机床的工作液系统包括：工作液箱、工作液泵、流量控制阀、进液管、回液管及过滤网罩等，如图 1-15 所示。

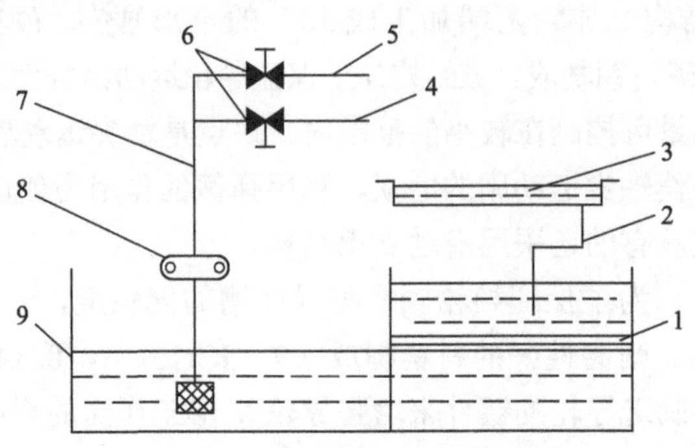

图 1-15　线切割机床工作液系统

1—过滤网；2—回液管；3—工作台；4—下丝臂进液管；5—上丝臂进液管；6—流量控制阀；7—进液管；8—工作液泵；9—工作液箱

工作液过滤装置：工作液的质量及清洁程度在某种意义上对线切割工作起着很大的作用，如图 1-16 所示，用过的工作液经管道流到漏斗 5，再经过磁钢 2、泡沫塑料 3、纱布 1 流入水池中。这时基本上已将电腐蚀物过滤掉，再流经二块隔墙 4、铜网布 6、磁钢 2，工作液得到过滤复原。此种过滤装置不需要特殊设备，方法简单，可靠实用，设备费用低。

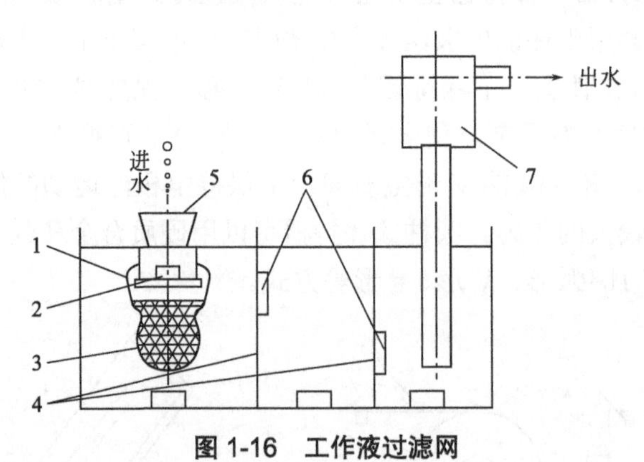


图 1-16　工作液过滤网

1—纱布；2—磁钢；3—泡沫塑料；4—隔墙；5—漏斗；6—铜网布；7—工作液泵

此外，必须注意水箱内不能涂漆，要镀锌处理。工作液的黏度要小一些，否则泡沫塑料会堵塞，水泵的进水口要装铜丝网。

坐标工作台的回水系统装有射流吸水装置，如图 1-17 所示。在进水管中装一个分流，流进回水管，使回水管具有一定的流速，造成负压，台

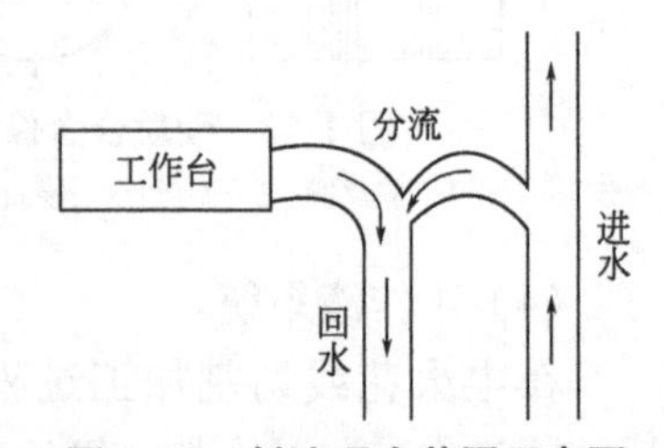


图 1-17　射流吸水装置示意图

面的工作液在大气压下畅通流入管而不外溢。

#### 1.1.3.2　脉冲电源

电火花线切割脉冲电源又称高频电源，是电火花线切割机床的重要组成部分，主要由主振电路、脉宽调节电路、间隔调节电路、功率放大电路和整流电源5部分组成，如图1-18所示。

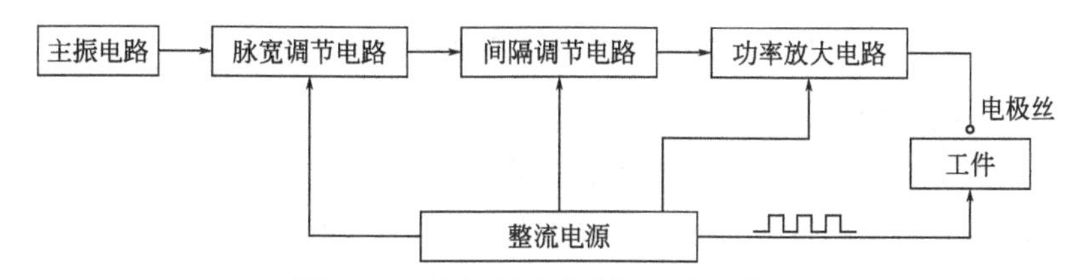


**图1-18　线切割脉冲电源组成示意图**

为了满足电火花线切割加工条件和加工工艺要求，电火花线切割机床所采用的脉冲电源应满足以下要求：

① 脉冲电源的峰值电流不能太大，一般控制在10～25A，且易于调节。

② 脉冲宽度能够调窄，实际加工时脉冲宽度控制在0.5～0.64μs。

③ 脉冲重复频率能够调高，一般控制在5～500kHz。

④ 脉冲电源应具有对电极丝损耗小的性能，这也是衡量脉冲电源好坏的重要参数之一。正常情况下，电极丝切割10000mm$^2$面积后，其损耗小于0.001mm。

⑤ 脉冲电源能输出单向脉冲。

⑥ 脉冲电源输出的脉冲波形在前沿和后沿应陡些。

⑦ 脉冲参数能在较宽的范围内调节。

#### 1.1.3.3　控制器

电火花线切割控制器是电火花线切割机床的重要组成部分，它控制着*X*、*Y*方向工作台的运动及锥度切割装置的*U*、*V*坐标的移动，并合成工作切割轨迹，目前大部分控制器都已经实现数字控制或微机控制。

### 1.1.4　电火花线切割机床的型号及主要参数

（1）电火花线切割机床的型号

电火花线切割机床的型号很多，主要分为高速走丝线切割机和低速走丝线切割机，国内现有的线切割机大多为高速走丝线切割机，进口线切割机一般为低速走丝线切割机。我国线切割机床的型号编制是根据GB/T 15375—2008《金属切削机床　型号编制方法》进行编制的，机床型号由汉语拼音和阿拉伯数字组成，代表机床的类别、特征和基本参数。例如型号为DK7750的数控电火花线切割机，其名字符号含义如下。

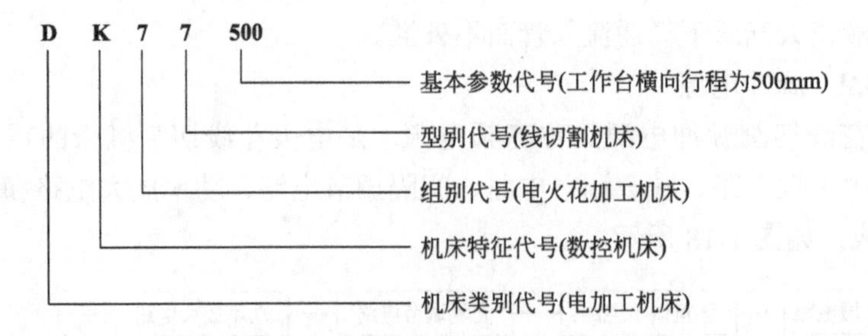


（2）电火花线切割机床的主要技术参数

电火花线切割机床的主要参数包括工作台行程、最大切割厚度、加工表面粗糙度、切割速度、切割锥度及数控系统的控制功能，见表 1-1。

表 1-1　线切割机床技术规格

| 型号 | 工作台横向行程 /mm | 工作台纵向行程 /mm | 切割工件最大厚度 /mm | 切割工件总重 /kg |
|---|---|---|---|---|
| DK7728 | 280 | 340 | 300 | 120 |
| DK7732 | 320 | 420 | 340 | 250 |
| DK7735 | 350 | 450 | 340 | 400 |
| DK7745 | 450 | 550 | 430 | 450 |
| DK7750 | 530 | 630 | 500 | 500 |
| DK7763 | 630 | 830 | 600 | 960 |
| DK7780 | 800 | 1050 | 790 | 1800 |
| DK7732 E | 320 | 350 | 280 | 175 |
| DK7735 E | 350 | 400 | 480 | 230 |
| DK7740 E | 400 | 500 | 480 | 320 |
| DK7745 E | 450 | 500 | 480 | 400 |
| DK7750- Ⅰ E | 500 | 630 | 480 | 500 |
| DK7750- Ⅱ E | 500 | 800 | 500 | 630 |
| DK7763 E | 630 | 800 | 500 | 960 |
| DK7780 E | 800 | 1000 | 500 | 1200 |
| SCX-I | 150 | 150 | 75 | 40 |
| DK7725 | 250 | 320 | 120 | 125 |
| HX-A | 320 | 350 | 280 | 175 |

# 1.2 电火花线切割机床的使用规则

线切割机床是技术密集型产品，属于精密加工设备，操作人员在使用机床前必须经过严格的培训，取得合格的操作证明后才能上机工作。

为了安全、合理和有效地使用机床，要求操作人员必须遵守以下几项规则：

① 对自用机床的性能、结构有充分的了解，能掌握操作规程和遵守安全生产制度；

② 在机床的允许规格范围内进行加工，不要超重或超行程工作；

③ 经常检查机床的电源线、超程开关和换向开关是否安全可靠，不允许带故障工作；

④ 对机床操作说明书所规定的润滑部位，定时注入规定的润滑油或润滑脂，以保证机构运转灵活，特别是导轮和轴承，要定期检查和更换；

⑤ 加工前检查工作液箱中的工作液是否足够，水管和喷嘴是否通畅；

⑥ 下班后清理工作区域，擦净夹具和附件等；

⑦ 定期检查机床电气设备是否受潮和可靠，并清除尘埃，防止金属物落入；

⑧ 遵守定人定机制度，定期维护保养。

# 1.3　电火花线切割加工操作步骤

## 1.3.1　操作前的准备工作

常规检查包括以下内容：启动线切割机电源开关，检查是否正常；机床空载运行，查看其工作状态是否正常；检查控制柜、机床电器是否正常工作；检查机床各部分运动副是否正常工作；检查坐标工作台，全行程手摇一次，在控制器控制下，局部空运转；运丝部分空运转检查；检查各个行程开关触点动作是否灵敏；检查脉冲电源和机床电器是否正常工作；检查工作液各个进出口管路是否畅通，压力是否正常，扬程是否符合要求。

查看钼丝是否都在导轮里，转动储丝筒查看钼丝走丝情况，用手拨动钼丝，查看钼丝的松紧程度，钼丝过松或者过紧都会导致断丝；装夹工件，对工件进行找正，然后进行对刀，切忌将钼丝接触到工件上，应该保证钼丝与工件之间有一定的距离，让机床运行以后自己走到要切入的点，防止在开机运行的瞬间钼丝受高温而断丝，再根据工件的要求调整加工的参数、开启高频电源及控制电源，将机床的坐标轴锁死防止滑移影响加工精度。

## 1.3.2　DK77 系列线切割机操作步骤

（1）绕丝

通过常规检查后进行电极丝绕装，绕丝筒绕丝起始位置见图 1-19，步骤如下：

① 丝速设定。运丝采用立式异步电动机带动，可获得 10m/s 的运丝速度。

② 张力设定。张力调节采用手动紧丝方法进行张紧，用力需均匀。

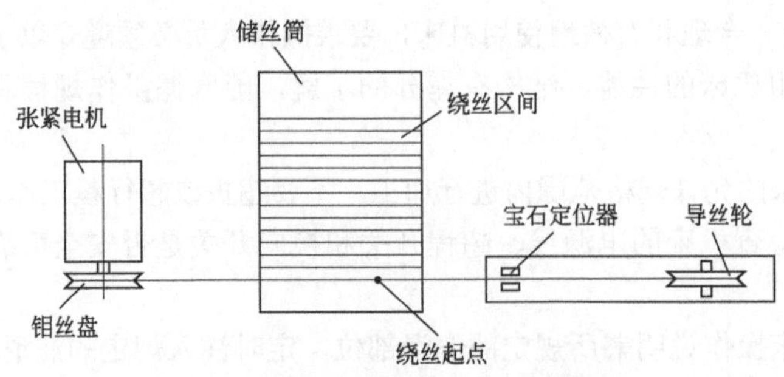


图 1-19 绕丝筒绕丝起始位置示意图

③ 开机前行程调节，撞块移向两侧的顶端。

④ 将电极丝盘置于伸出轴上，不要转动，然后将电极丝一端经排丝轮卷绕到丝筒并用螺钉压住，均匀地在卷丝筒的起端缠绕几圈。上丝后运丝电机旋转到卷丝筒的终端位置，上丝量根据需要而定。停运丝电机，剪断电极丝。将电极丝的这一端挂上排丝轮、挡丝块、导电块、导轮等，按绕装顺序进行绕装。

⑤ 调节行程挡块间距，保证两端有 5 ～ 10mm 缠绕长度余量。

⑥ 上丝时应注意转向和运丝工作台移动的方向，以防止冲击行程。开运丝时必须取下手柄，以防止旋转飞出。

⑦ 运丝行程限位采用丝杠螺母脱开的方法。丝杠尾部有一段光杆，超行时脱开螺母，电机空转，复位时推动运丝台手摇卷丝筒，使得丝杠拧入螺母即可。

⑧ 紧丝轮手动紧丝，电极丝在一段时间使用后，会因弹性疲劳产生拉伸而变松动，可采用手动紧丝方法重新张紧，注意用力均匀。

（2）装夹工件

① 装夹工件前应注意校正电极丝与工作台面的垂直度。

② 装夹具固定在工作台上。

③ 装夹工件应根据图纸要求用百分表等量具找正基准面，使基准面与工作台的 $X$ 向或 $Y$ 向平行。

④ 装夹位置应使工件的切割范围控制在机床允许行程之内。

⑤ 工件及夹具等在切割过程中不应碰到线架的任何部分。

⑥ 工件装夹完毕，要清除干净工作台面上的一切杂物。

（3）调整线架跨距

根据被加工工件的厚度不同来调整线架跨距，一般以上悬臂到零件表面距离 10mm 左右为宜。

（4）穿丝及张紧

将拉紧的电极丝整齐地绕在储丝筒上。一般机床上有专门的上丝机构，因为电极丝具有一定的张力，为使上下导轮间的电极丝具有良好的平直度，确保加工粗糙度和精度，加工前应检查电极丝的张紧程度。

（5）校正电极丝垂直度

一般校正方法是将校直器在 $X$、$Y$ 方向采用光透方法即可，如在 $X$、$Y$ 方向上下光透一致即垂直。

（6）开启工作液泵，调节喷水量

开液泵时先把调节阀调至关状态，然后逐渐开启，调节上下喷水柱包容电极丝，水柱射向切割区即可，水量不必太大。开启液泵时，如不关断或关小阀门，可能会造成工作液飞溅。

（7）开启电机，开高频电源、驱动电源

开启电机开关，将高频及驱动电源打开，然后在操作界面中将程序调入到加工界面中，选择一个加工界面，然后将程序导入到工作界面中完成加工即可。

## 1.4　电火花线切割机床的维护与保养

电火花线切割机床的维护和保养质量直接影响到机床的切割工艺性能，与其他普通机床相比，线切割机床的维护和保养显得尤为重要，操作人员务必经常性地对机床进行清理、润滑和维护。

### 1.4.1　机床的清理

操作人员在加工结束后应对机床进行清理工作，主要有以下几个方面。

① 加工结束后应立即将机床擦拭干净，并在工作台表面涂一层机油。

② 将黏附在机床运丝系统，如导轮、导电块上的电蚀物清理掉，以免加工时引起电极丝的振动，甚至造成电极丝与机床短接，导致不能正常切割。

③ 加工一段时间后，工作液箱内会有电蚀物沉积，每次更换工作液时可采用日用洗洁精兑水，用干净棉丝擦洗液箱内腔和过滤网，最后用清水冲洗干净，并注入干净的工作液。

### 1.4.2　机床的润滑

操作人员除对机床进行清理工作外，还要经常对机床的运动部件进行润滑，主要有以下几个方面。

① 工作台纵、横向导轨应每周注入高级润滑脂进行润滑。

② 滑轨上下移动导轨应每月注入工业用黄油进行润滑。

③ 斜度切割装置丝杠螺母应每月采用高级润滑脂进行润滑。

④ 储丝筒导轨副丝杠螺母应每班采用 40 号机油进行润滑。

### 1.4.3 机床易损件的维护

线切割机床的易损件主要集中在机床的运动部位，主要有以下几个方面。

① 导电块长时间切割导致磨损会出现沟槽，此时应将导电块换一面后方能继续使用。

② 导轮在切割过程中始终处于高速旋转运动状态，其内部轴承及导轨工作面易损坏，必须经常检查，如有损坏立即更换。

③ 储丝筒上的同步齿形带也应经常检查，如有损坏立即更换。

## 1.5 交流稳压电源的使用方法

由于交流供电电压的变化，会使加工和控制系统的输出电压幅值不稳定，从而导致加工效果不良。严重时，会使机床电气控制失灵，造成机床运行故障，致使工件报废。配置交流稳压电源，可在一定程度上缓解这类问题。

按相数分，交流稳压电源有单相和三相稳压电源；按稳压原理分，有磁饱和式稳压电源和电子交流稳压电源。目前使用的多数是电子交流稳压电源，有各种规格的成品可供选购。电火花线切割机床的控制柜多数采用 1 ～ 2kW 的单相电子交流稳压电源。

使用电子交流稳压电源之前，应详细阅读其使用说明书，按规定安装、使用交流稳压电源。一般应注意到以下几方面：

① 交流稳压电源的输入、输出线除了考虑机械强度、防伤、绝缘之外，还要考虑导线直径有一定裕度。

② 为确保稳压电源正常工作，其负载应小于稳压电源的额定输出功率。不可让交流稳压电源超过规定的连续运行时间。

③ 尽量保证稳压电源的保护接地可靠，符合接地标准。

④ 尽量满足稳压电源对使用环境的要求，例如温度、湿度、海拔高度、腐蚀性气体及液体、导电尘埃等。

⑤ 稳压电源中的保护设施，例如熔丝、过压和欠压保护及过流保护回路的调节元件（如电位器等），不可任意变动与调节。

⑥ 使用中要注意监视稳压电源的工作状态，一旦发现异常现象，应在适当时间关机，并请专业人员维修，不可自行拆修。

第2章

# 数控电火花线切割加工原理

电火花线切割加工（wire-cut electrical discharge machining，WEDM）是数控电火花加工的一种，有时又称线切割。

## 2.1 电火花线切割加工放电基本原理

电火花线切割加工时，在电极丝和工件之间进行脉冲放电。如图 2-1 所示，电极丝接脉冲电源的负极，工件接脉冲电源的正极。当来一个电脉冲时，在电极丝和工件之间产生一次火花放电，在放电通道的中心温度瞬时可高达 10000℃以上，高温使工件金属熔化，甚至有少量气化，高温也使电极丝和工件之间的工作液部分产生气化，这些气化后的工作液和金属蒸气瞬间迅速热膨胀，并具有爆炸的特性。这种热膨胀和局部微爆炸，抛出熔化和气化了的金属材料进行电蚀切割加工。通常认为电极丝与工件之间的放电间隙 $\delta_{电}$在 0.01mm 左右。若电脉冲的电压高，放电间隙会大一些。线切割编程时，一般取 $\delta_{电}$=0.01mm。

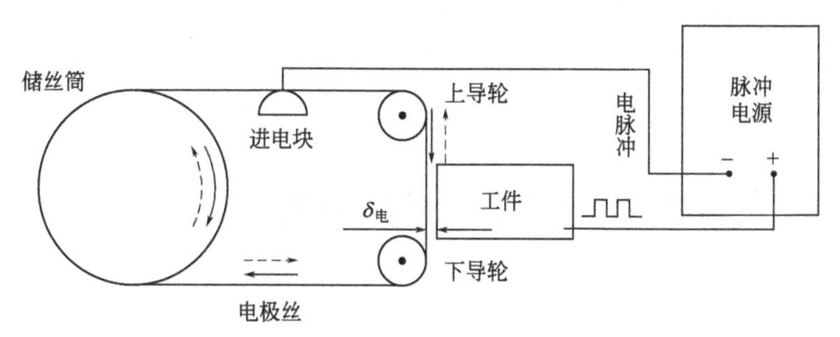


图 2-1 电火花线切割加工原理

为了确保每来一个电脉冲时在电极丝和工件之间产生的是火花放电而不是电弧放电，必须创造必要的条件。首先必须使两个电脉冲之间有足够的间隔时间，使放电间隙中的介质消电离，即使放电通道中的带点粒子复合为中性粒子，也要恢复本次放电通道处间隙中介质的绝缘强度，以免总在同一处发生放电而导致电弧放电。一般脉冲间隔应为脉冲宽度的 4 倍以上。

为了保证火花放电时电极丝（一般用钼丝）不被烧断，必须向放电间隙注入大量工作液，以使电极丝得到充分冷却。同时电极丝必须作高速轴向运动，以避免火花放电总在电极丝的局部位置而被烧断，电极丝速度在 7 ～ 10m/s。高速运动的电极丝，有利于不断往放电间隙中带入新的工作液，同时也有利于把电蚀产物从间隙中带出去。

电火花线切割加工时，为了获得比较好的表面粗糙度和高的尺寸精度，并保证钼丝不被烧断，应选择好相应的脉冲参数，并且工件和钼丝之间的放电必须是火花放电，而不是电弧放电。

火花放电与电弧放电的区别如下：

① 电弧放电是由于电极间隙消电离不充分，放电点不分散，多次连续在同一处放电而形成，它是稳定的放电过程，放电时，爆炸力小，蚀除量低。而火花放电是非稳定的放电过程，具有明显的脉冲特性，放电时，爆炸力大，蚀除量高。

② 电弧放电的伏安特性曲线为正值（即随着极间电压的减小，通过介质的电流也减小），而火花放电的伏安特性曲线为负值（即随着极间电压的减小，通过介质的电流却增加）。

③ 电弧放电通道形状呈圆锥形，阳极与阴极斑点大小不同，阳极斑点小，阴极斑点大。因此，其电流密度也不同，阳极电流密度为 $2800A/cm^2$，阴极电流密度为 $300A/cm^2$。火花放电的通道形状呈鼓形，阳极和阴极的斑点大小实际相等。因此，两极上电流密度相同，而且很高，可达 $10^5$ ～ $10^6A/cm^2$。

④ 电弧放电通道和电极上的温度为 7000 ～ 8000℃，而火花放电通道和电极上的温度为 10000 ～ 12000℃。

⑤ 电弧放电的击穿电压低，而火花放电的击穿电压高。

⑥ 电弧放电中，蚀除量较低，且阴极腐蚀比阳极多，而在火花放电中，大多数情况下是阳极腐蚀量远多于阴极。因此，电火花加工时工件接电源正极。

## 2.2 电火花线切割加工走丝原理

### 2.2.1 丝速计算

电极丝线速度 $v_{丝}$的计算公式为

$$v_{丝}=\frac{\pi D n_{电}}{1000\times 60}\ \mathrm{m/s}$$

图 2-2 中储丝筒直径 $D$=120mm，故走丝速度 $v_{丝}$为

$$v_{丝}=\frac{\pi\times120\times1440}{1000\times60}=9.05\text{m/s}$$

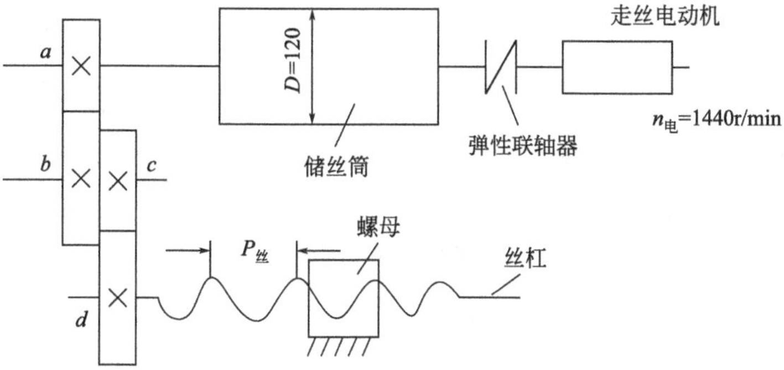

图 2-2　走丝原理

## 2.2.2　走丝部件的储丝筒每转一转时其轴向移动的距离

走丝部件的储丝筒每转一转时，其轴向移动距离为 $s$，计算公式为

$$s=\frac{a}{b}\times\frac{c}{d}\times P_{丝}(\text{mm/r})$$

图 2-2 的 $a$=28 齿、$b$=88 齿、$c$=28 齿、$d$=88 齿、$P_{丝}$=2mm，则

$$s=\frac{28}{88}\times\frac{28}{88}\times2=0.2(\text{mm/r})$$

线切割机床的型号不同或生产厂家不同，$s$ 值也不一样。线切割机床所用钼丝的直径应小于 $s$，否则，走丝时会产生叠丝现象而导致断丝。

# 2.3　X、Y 坐标工作台运动原理

线切割机床编程序时的数据单位是 1μm（1/1000mm=1μm），它是步进电动机的控制电路每接受一个变频进给脉冲时，工作台的移动距离，称为脉冲单位。通常每接受一个变频进给脉冲时，步进电动机转动 1.5°，有的机床步进电动机是转动 3°。

（1）脉冲当量的计算公式

$$脉冲当量=\frac{1.5(3)}{360}\times\frac{Z_1}{Z_2}\times\frac{Z_2}{Z_3}\left(\frac{Z_1}{Z_2}\times\frac{Z_3}{Z_4}\right)\times P_{丝}(\text{mm})$$

（2）步进电动机每接受一个脉冲时转 3° 的脉冲当量的计算

线切割机床 $Z_1$=18 齿，$Z_2$=54 齿，$Z_3$=150 齿，$P_{丝}$=1mm，如图 2-3（a）所示。

$$脉冲当量=\frac{3}{360}\times\frac{18}{54}\times\frac{54}{150}\times1=0.001(\text{mm})$$

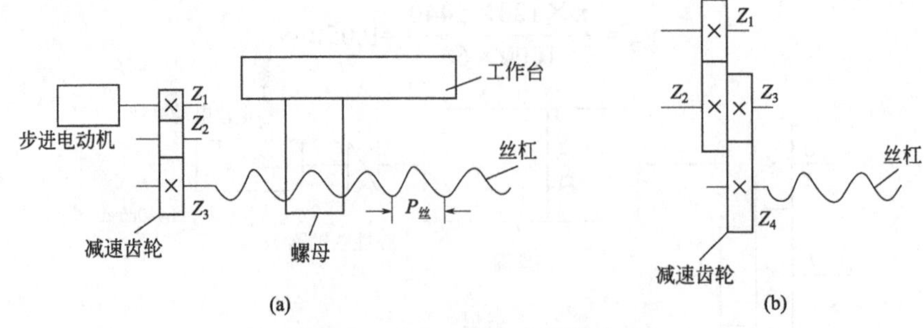


**图 2-3 坐标工作台上层的移动**

（3）步进电动机每接受一个脉冲时转 1.5° 的脉冲当量的计算

线切割机床 $Z_1$=24 齿，$Z_2$=80 齿，$Z_3$=24 齿，$Z_4$=120 齿，$P_{丝}$=4mm，如图 2-3（b）所示。

$$脉冲当量=\frac{1.5}{360}\times\frac{24}{80}\times\frac{24}{120}\times 4=0.001(mm)$$

不同厂家所用的齿轮个数、齿轮齿数和 $P_{丝}$可能不一样。

# 2.4 电火花线切割加工的特点和分类

## 2.4.1 电火花线切割加工的特点

电火花线切割加工是利用金属线作为电极进行加工，而电火花成形加工则是采用成形电极对工件进行加工。电火花线切割加工相对于电火花成形加工来说，既有相同点，又有特点。

（1）电火花线切割加工与电火花成形加工的相同点

① 电火花线切割加工的电压、电流波形与电火花成形加工的基本相似。单个脉冲也有多种形式的放电状态，如开路、短路、正常火花放电等。

② 电火花线切割加工的加工机理、表面粗糙度、生产率等工艺规律，材料的可加工性等也都与电火花成形加工的基本相似。

（2）电火花线切割加工相对于电火花成形加工的特点

① 不需要制造成形电极，工件材料的预加工量少。

② 由于电极丝比较细，能方便地加工复杂截面的型柱、型孔、大孔、小孔和窄缝等。另外，由于切缝很窄，且只对工件材料进行“套料”加工，因此材料的利用率很高。

③ 脉冲电源的加工电流较小，脉冲宽度较窄，属中、精加工范畴，所以采用正极性加工，即脉冲电源的正极接工件，负极接电极丝。电火花线切割加工基本是一次加工成形，一般不要中途转换规准。

④ 由于电极是运动着的长金属丝，单位长度电极丝损耗较小，所以当切割面积的周边长度不长时，对加工精度影响较小。

⑤ 只对工件进行图形加工，故余料还可以使用。

⑥ 工作液选用水基乳化液，而不是煤油，非但不易引发火灾，而且可以节省能源物资。

⑦ 自动化程度高，操作方便，加工周期短，成本低，较安全。

### 2.4.2　电火花线切割加工的分类

① 按控制方式分：靠模仿型控制、光电跟踪控制、数字程序控制及微机控制等。

② 按脉冲电源形式分：RC 电源、晶体管电源、分组脉冲电源及自适应控制电源等。

③ 按加工特点分：大、中、小型以及普通直壁切割型与锥度切割型等。

④ 按走丝速度分：低速走丝方式和高速走丝方式。

## 2.5　主要名词术语

为了便于电加工技术的国内外交流，必须有一套统一的术语、定义和符号。以下术语、定义和符号是根据中国机械工程学会电加工学会公布的材料编写的。

① 放电加工。在一定的加工介质中，通过两极（工具电极或简称电极和工件电极或简称工件）之间的火花放电或短电弧放电的电蚀作用来对材料进行加工的方法，叫放电加工（简称 EDM）。放电加工的分类见图 2-4。

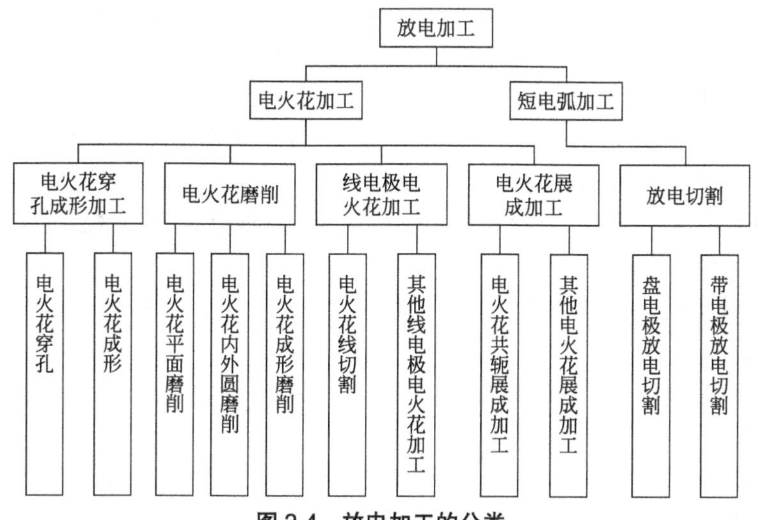


图 2-4　放电加工的分类

② 电火花加工。当放电加工只采用脉冲放电（广义火花放电）形式来进行加工时，叫电火花加工。

③ 电火花穿孔。一般指贯通的二维型孔的电火花加工。它既可以是等截面通孔，又可以是变截面通孔。

④ 电火花成形。一般指三维型腔和型面的电火花加工，是非贯通的盲孔加工。

⑤ 线电极电火花加工。线电极电火花加工是一种用线状电极作工具的电火花加工，它主要应用于切割冲压模具。其特点是电极丝可作单向慢速或正反向快速走丝运动，工件相对电极丝可作 $X$、$Y$ 向的任意轨迹运动，它可用靠模、光电或数字等方式控制。

⑥ 放电。电流通过绝缘介质（气体、液体或固体）的现象。

⑦ 脉冲放电。脉冲放电是脉冲性的放电，在时间上是断续的，在空间上放电点是分散的，是电火花加工常采用的放电形式。

⑧ 火花放电。从介质击穿后伴有火花的放电，其特点是放电通道中的电流密度很大，温度很好。

⑨ 电弧放电。电弧放电是一种渐趋稳定的放电。这种放电在时间上是连续的，在空间上是集中在一点或一点的附近放电。放电中遇到电弧放电，常常引起电极和工件的烧伤。电弧放电往往是放电间隙中排泄不良，或脉冲间隔过小来不及消电离恢复绝缘，或脉冲电源损坏变成直流放电等所引起的。

⑩ 放电通道。放电通道又称电离通道或等离子通道，是介质击穿后极间形成的导电的等离子体通道。

⑪ 放电间隙 $G$(μm)。放电间隙是指放电时电极间的距离。它是加工电路的一部分，有一个随击穿而变化的电阻。

⑫ 电蚀。电蚀是指在电火花放电的作用下蚀除电极材料的现象。

⑬ 电蚀产物。电蚀产物是指工作液中电火花放电时的生成物。它主要包括从两电极上电蚀下来的金属材料微粒和工作液分解出来的游离炭黑和气体等。

⑭ 加工屑。加工屑是指从两电极上电蚀下来的金属材料微粒小屑。

⑮ 金属转移。金属转移是指放电过程中，一极的金属转移到另一极的现象。例如用钼丝切割紫铜时，钼丝表面的颜色逐渐转变成紫铜色，这足以证明有部分铜转移到钼丝表面。

⑯ 二次放电。二次放电是指在已加工面上，由于加工屑等的介入而进行再次放电的现象。

⑰ 开路电压 $u_i$(V)。开路电压是指间隙开路或间隙击穿之前（$t_d$ 时间内）的极间峰值电压。

⑱ 放电电压 $u_e$(V)。放电电压是指间隙击穿后，流过放电电流时，间隙两端的瞬时电压。

⑲ 加工电压 $U$(V)。加工电压是指正常加工时，间隙两端电压的算术平均值。一般指的是电压表上的读数。

⑳ 短路峰值电流 $\hat{i}_s$(A)。短路峰值电流是指短路时最大的瞬时电流，即功放管导通而负载短路时的电流。

㉑ 短路电流 $I_s$(A)。短路电流又称平均短路脉冲电流，是指连续发生短路时电流的算术平均值。

㉒ 加工电流 $I$(A)。加工电流是指通过加工间隙电流的算术平均值，即电流表上的读数。

㉓ 击穿电压。击穿电压是指放电开始或介质击穿时瞬间的极间电压。

㉔ 击穿延时 $t_d$(μs)。击穿延时是指从间隙两端加上电压脉冲到介质击穿之前的一段时间。

㉕ 脉冲宽度 $t_i$(μs)。脉冲宽度是加到间隙两端的电压脉冲的持续时间。对于矩形波脉冲，它等于放电时间 $t_e$ 与击穿延时 $t_d$ 之和，如图 2-5 所示。

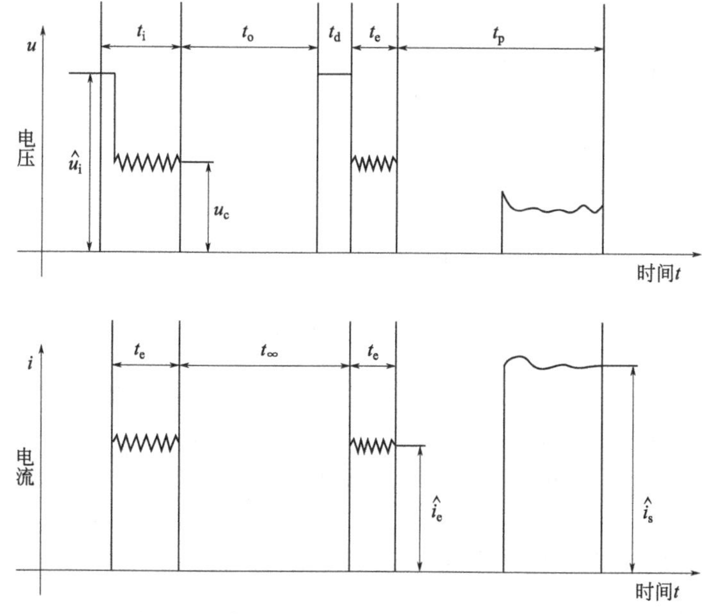


**图 2-5　电火花线切割时的电压电流波形图**

㉖ 放电时间 $t_e$(μs)。放电时间是指介质击穿后，间隙中通过放电电流的时间，亦即电流脉宽。

㉗ 脉冲间隔 $t_o$(μs)。脉冲间隔是指连接两个电压脉冲之间的时间。

㉘ 停歇时间 $t_\infty$(μs)。停歇时间又称放电间隔，是指相邻两次放电（电流脉冲）之间的时间间隔。对于方波脉冲，它等于脉冲间隔 $t_o$ 与击穿延时 $t_d$ 之和，即

$$t_\infty=t_o+t_d$$

㉙ 脉冲周期 $t_p$(μs)。脉冲周期是指从一个电压脉冲开始到相邻电压脉冲开始之间的时间。它等于脉冲宽度 $t_i$ 与脉冲间隔 $t_o$ 之和，即

$$t_p=t_i+t_o$$

㉚ 脉冲频率 $f_p$(Hz)。脉冲频率是指单位时间（s）内，电源发出电压脉冲的个数，它等于脉冲周期 $t_p$ 的倒数，即 $f_p=\frac{1}{t_p}$

㉛ 电参数。电参数是指电加工过程中的电压、电流、脉冲宽度、脉冲间隔、功率和能量等参数。

㉜ 电规准。电规准是指电加工所用的电压、电流、脉冲宽度、脉冲间隔等电参数。

㉝ 脉冲前沿 $t_r$(μs)。脉冲前沿又称脉冲上升时间，指电流脉冲前沿的上升时间，即从峰值电流的 10% 上升到 90% 所需的时间（图 2-6）。

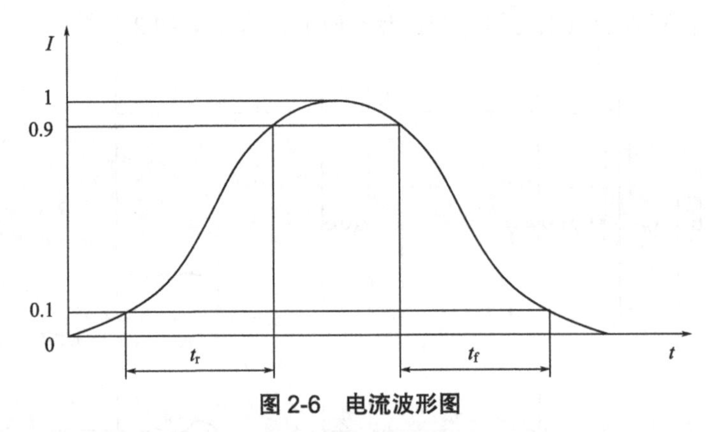


**图 2-6 电流波形图**

㉞ 脉冲后沿 $t_f$(μs)。脉冲后沿又称脉冲下降时间，指电流脉冲后沿的下降时间，即从峰值电流的 90% 下降到 10% 所需的时间（图 2-6）。

㉟ 开路脉冲。开路脉冲是指间隙未被击穿时的电压脉冲，这时没有脉冲电流。

㊱ 工作脉冲。工作脉冲又称有效放电脉冲或正常放电脉冲，这时既有电压脉冲又有电流脉冲。

㊲ 短路脉冲。短路脉冲是指间隙短路时的电流脉冲，这时没有脉冲电压。

㊳ 极性效应。电火花（线切割）加工时，即使正极和负极是同一种材料，正负两极的蚀除量也是不同的，这种现象称为极性效应。一般短脉冲加工时，正极的蚀除量较大，反之，长脉冲加工时，负极的蚀除量较大。为此，短脉冲精加工时，工件接正极，反之，长脉冲粗加工时，工件接负极。

㊴ 正极性和负极性。工件接正极，工具电极接负极，称正极性。反之，工件接负极，工具电极接正极，称为负极性（又称反极性）。线切割加工时，所用

脉宽较窄，为了增加切割速度和减少钼丝的损耗，一般工件应接正极，称正极性加工。

㊵ 切割速度 $v_{wi}$。切割速度是指在保持一定的表面粗糙度的切割过程中，单位时间内电极丝中心线在工件上扫过的面积的总和（$mm^2/min$）。

㊶ 高速走丝线切割（WEDM-HS）。高速走丝线切割是指电极丝高速往复运动的电火花线切割加工。一般走丝速度在 8 ～ 10m/s。

㊷ 低速走丝线切割（WEDM-LS）。低速走丝线切割是指电极丝低速单向运动的电火花线切割加工。一般走丝速度在 10 ～ 15m/min。

㊸ 线径补偿。线径补偿又称“间隙补偿”或“钼丝偏移”，是指为获得所要求的加工轮廓尺寸，数控系统对电极丝运动轨迹轮廓所做的偏移补偿。

㊹ 线径补偿量。线径补偿量又称“间隙补偿量”或“偏移量”，是指电极丝几何中心实际运动轨迹与编程轮廓线之间的法向尺寸差值（mm）。

㊺ 进给速度 $v_F$。进给速度是指加工过程中电极丝中心沿切割方向相对于工件的移动速度（mm/min）。

㊻ 多次切割。多次切割是指同一表面先后进行两次或两次以上的切割，以改善表面质量及加工精度的切割方法。

㊼ 锥度切割。锥度切割是指钼丝以一定的倾斜角进行切割的方法。

㊽ 乳化液。乳化液是指由水、有机和无机化合物组成的乳化溶液，用于电火花线切割加工。

㊾ 条纹。条纹是指被切割工件表面上出现的相互间隔凹凸不平或色彩不同的痕迹。当导轮、轴承精度不良时条纹更为严重。

㊿ 电火花加工表面。电火花加工表面是指电火花加工过的由许多小凹坑重叠而成的表面（见图 2-7）。

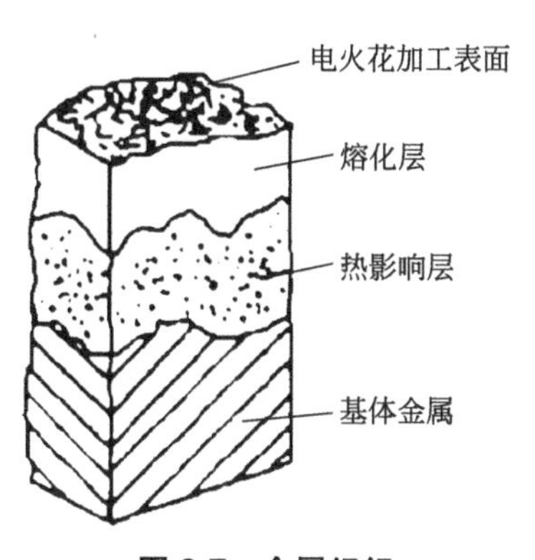


**图 2-7　金属组织**

○51 电火花加工表层。它是指电火花加工表面下的一层，它包括熔化层和热影响层。

(52) 热影响层（HAZ）。热影响层是指位于熔化层下面的、由于热作用改变了基体金属金相组织和性能的一层金属（图 2-7）。

(53) 基体金属。基体金属是指位于热影响层下面的、未改变金相组织和性能的原来基体的金属。

# 第3章 3B编程及应用

## 3.1 3B编程基础

线切割在针对一些高硬度材料的加工时起到至关重要的作用。随着现代加工技术的不断发展，线切割也成了现如今高精度加工的一种。而在线切割的加工过程中，它的编程语言是相当重要的，又因为线切割的编程属于数控编程的范畴，它与数控编程整体思想与方法相似，只是编程格式及编程语言略微有些差异，目前数控线切割加工的程序有符合国际标准的ISO格式（G代码格式）和3B、4B、R3B代码格式，而最常用的是3B代码格式、4B代码格式和R3B代码格式，本章主要针对3B代码格式编程进行讲解。

### 3.1.1 3B代码程序格式

3B代码程序格式是目前国内快走丝数控线切割机采用的最广泛的编程格式，其一般格式为“B*X*B*Y*B*J*G*Z*”其中各字母含义：

B——分隔符，表示一条程序开始，并且将*X*、*Y*、*J*数据区分开；

*X*——线段在*X*轴上终点相对于起点的坐标值，μm；

*Y*——线段在*Y*轴上终点相对于起点的坐标值，μm；

*J*——计数长度即*X*轴或*Y*轴上的加工线段；

G——计数方向，即GX（按照*X*方向的计数）和GY（按照*Y*方向的计数）两种，表示计数长度在*X*轴和*Y*轴上的投影；

*Z*——加工指令，包括直线、顺圆弧和逆圆弧各4种，（L1、L2、L3、L4、SR1、SR2、SR3、SR4、NR1、NR2、NR3、NR4）共12种指令（各自含义将在后文介绍）。

DD为停机符，表示程序结束。

### 3.1.2 3B程序编写方法

（1）坐标系与坐标值的确定

平面坐标系是这样规定的：机床工作平台所在平面为坐标系平面，左右方向为 $X$ 轴并且右方向为正即 $+X$，前后方向为 $Y$ 轴，前方向为正即 $+Y$。编程时，采用相对坐标系即坐标系的原点随程序段的不同而变化。

在加工直线时，以直线的起点作为坐标系的原点，$X$、$Y$ 取该直线终点的坐标值；加工圆弧时，以圆弧的圆心作为坐标原点，$X$、$Y$ 取该圆弧起点的坐标值，单位为 μm，坐标值的负号不写。一般以 μm 为单位，微米以下用四舍五入。

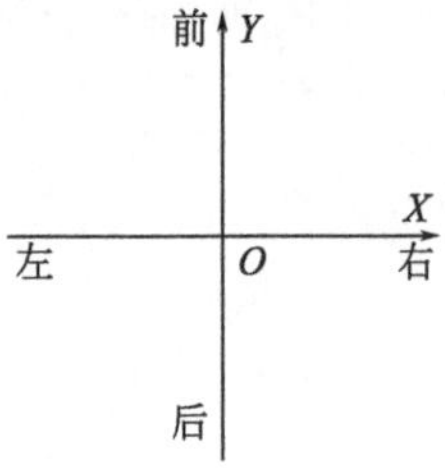

前 Y
X
左 O 右
后

**图 3-1 机床坐标系**

坐标系的确定如图 3-1 所示。

（2）计数方向 G 的确定

不论是加工直线还是圆弧，其计数方式都是按照终点所在位置进行确定的，加工直线时，终点靠近 $X$ 轴，则计数方向为 GX；加工直线时，终点靠近 $Y$ 轴，则计数方向为 GY；若加工直线的终点落到 45° 线上时，计数方向取 $X$ 轴或取 $Y$ 轴均可，记作 GX 或 GY，如图 3-2（a）所示。加工圆弧时，方法与加工直线刚好相反，终点靠近任何轴，则计数方向取另一轴。若加工圆弧的终点落到 45° 线上时，计数方向取 $X$ 轴或取 $Y$ 轴均可，记作 GX 或 GY，如图 3-2（b）所示。

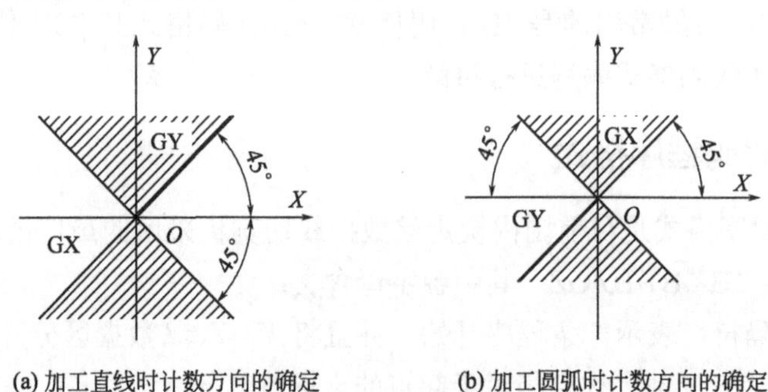


(a) 加工直线时计数方向的确定　　(b) 加工圆弧时计数方向的确定

**图 3-2 计数方向的确定**

（3）计数长度 $J$ 的确定

计数长度是在计数方向基础上确定的，计数长度是被加工的直线或者圆弧在计数方向坐标轴上的投影长度的绝对值总和，也就是在 $X$ 轴或者 $Y$ 轴上投影的长度总和，其单位为 μm。

（4）加工指令 $Z$ 的确定

加工直线有 4 种指令。加工圆弧时，顺时针加工有 4 种加工指令，逆时针加工有 4 种加工指令；共 12 种加工指令，具体规定如下：

加工直线时的 4 种指令：L1、L2、L3、L4（L 是直线 line 的首字母，代表直线加工的意思）。当直线在第一象限时，包括 $X$ 轴而不包括 $Y$ 轴，加工指令记作 L1；当直线在第二象限时，包括 $Y$ 轴而不包括 $X$ 轴，加工指令记作 L2；当直线在第三象限时，包括 $X$ 轴的负半轴而不包括 $Y$ 轴的负半轴，加工指令记作 L3；当直线在第四象限时，包括 $Y$ 轴的负半轴而不包括 $X$ 轴的正半轴，加工指令记作 L4；如图 3-3 所示。

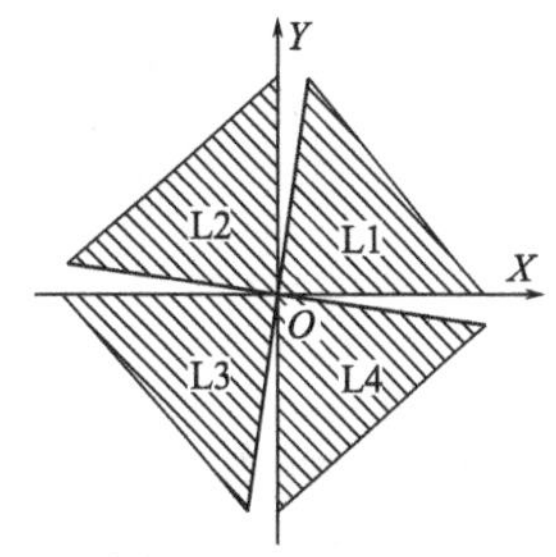


**图 3-3 加工直线时加工指令 $Z$ 的确定**

顺时针加工圆弧时，有 4 种加工指令：SR1、SR2、SR3、SR4。当圆弧在第一象限时，包括 $Y$ 轴而不包括 $X$ 轴，加工指令记作 SR1；当圆弧在第二象限时，包括 $X$ 负半轴而不包括 $Y$ 轴，加工指令记作 SR2；当圆弧在第三象限时，包括 $Y$ 轴的负半轴而不包括 $X$ 轴的负半轴，加工指令记作 SR3；当圆弧在第四象限时，包括 $X$ 轴的正半轴而不包括 $Y$ 轴的负半轴，加工指令记作 SR4；具体见图 3-4（a）。

逆时针加工圆弧时，有 4 种加工指令：NR1、NR2、NR3、NR4。当圆弧在第一象限时，包括 $X$ 轴而不包括 $Y$ 轴，加工指令记作 NR1；当圆弧在第二象限时，包括 $Y$ 轴而不包括 $X$ 轴，加工指令记作 NR2；当圆弧在第三象限时，包括 $X$ 轴的负半轴而不包括 $Y$ 轴的负半轴，加工指令记作 NR3；当圆弧在第四象限时，包括 $Y$ 轴的负半轴而不包括 $X$ 轴的正半轴，加工指令记作 NR4；具体如图 3-4(b) 所示。

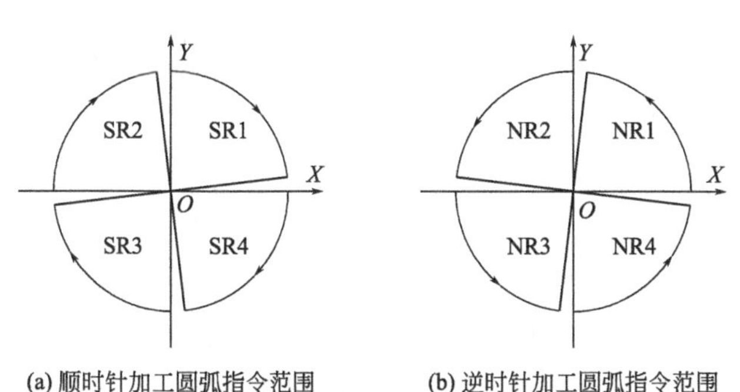


(a) 顺时针加工圆弧指令范围　　(b) 逆时针加工圆弧指令范围

**图 3-4 圆弧加工指令 $Z$ 的确定**

### 3.1.3 斜线（直线）的 3B 编程

在采用 3B 代码格式进行斜线编程时，由于其中的 B 只是起到分隔符的作用，因此 B 不需要进行确定直接按照格式写即可，格式“B$X$B$Y$B$J$G$Z$”其中各个参数的确定如下：

$X$、$Y$——线段相对于起点的坐标值，如线段终点为 $A(X_i, Y_i)$，则 $X=X_i$，$Y=Y_i$。

$J$——计数长度由线段终点的坐标值中较大的值来确定，若 $|X_i|>|Y_i|$，则 $J=|X_i|$，若 $|X_i|<|Y_i|$，则 $J=|Y_i|$，如图 3-5 所示。

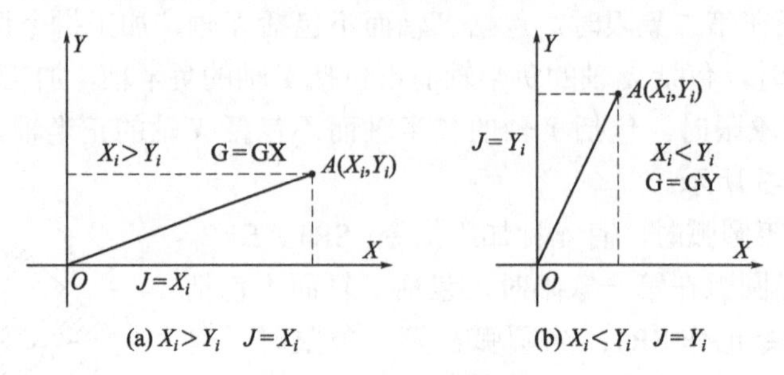


**图 3-5 计数长度确定**

G——计数方向由线段终点的坐标值中较大的值来确定，若 $|X_i|>|Y_i|$，则取GX，若 $|X_i|<|Y_i|$，取 GY。可以用 45° 线为分界线，如图 3-6 所示，当斜线在阴影区域内时，取 GY，反之取 GX；若正好在 45° 线上，即 $|X_i|=|Y_i|$ 时，45° 和 225°（即一、三象限）取 GY，而 135° 和 315°（即二、四象限）取 GX。

$Z$——加工指令有 L1、L2、L3、L4 等 4 种，线段在第一象限（$0°\leqslant\alpha<90°$）时取 L1，线段在第二象限（$90°\leqslant\alpha<180°$）时取 L2，线段在第三象限（$180°\leqslant\alpha<270°$）时取 L3，线段在第四象限（$270°\leqslant\alpha<360°$）时取 L4，如图 3-7 所示。

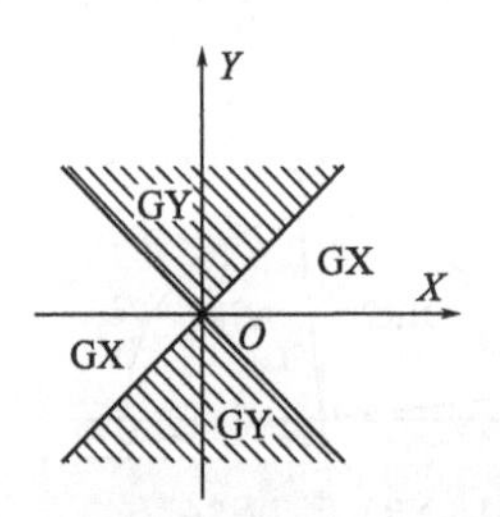


**图 3-6 直线加工计数方向的确定**

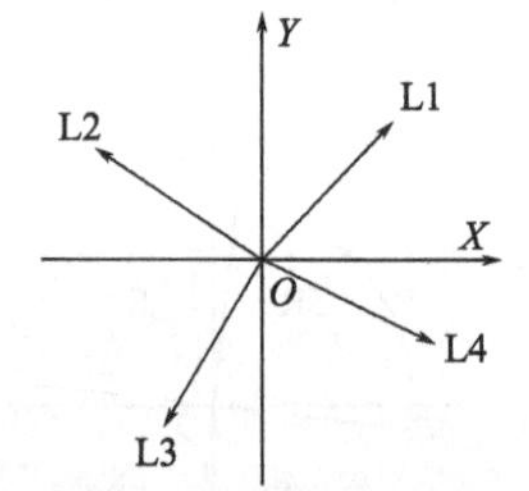


**图 3-7 斜线加工指令 $Z$ 确定**

【例 3-1-1】加工如图 3-8 所示的斜线段 $OA$，终点 $A$ 的坐标值为：$X$=24，$Y$=10。

分析：斜线 $OA$ 首先确定原点为起点，$A$ 点为终点，$A$ 点的坐标值 $X_i$=24，$Y_i$=10；因为 $X_i>Y_i$，所以取 $J=X_i$=24、G=GX；又因为，线段在第一象限，所以加工指令 $Z$ 取 L1，由此可得斜线段 $OA$ 的加工程序为：

B24000B10000B24000 GX L1

但是我们在 HL 系统中编程时，因为都是以微米为单位的，所以输入 24000 实际上也就是工件的尺寸为 24mm。

【例 3-1-2】加工如图 3-9 所示与 $X$ 轴重合的线段 $OB$，线段长度为 $OB$=35mm（这种工件需要特殊注意一下，加工程序可以简化）。

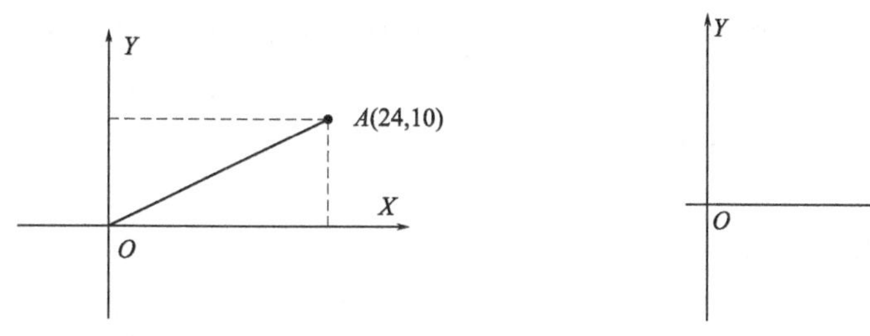


图 3-8 斜线加工　　图 3-9 直线加工（特殊情况，直线在坐标轴上）

分析：直线 *OB* 的起点为 *O*，终点为 *B* 且坐标为 $X_i$=35，$Y_i$=0；由于 $X_i>Y_i$，所以 *J* 取 $X_i$=35000，G=GX；同时线段属于第一象限，所以加工指令 *Z* 取 L1，于是线段 *OB* 的加工程序：

B35000B0B35000　GX　L1

在这种加工线段落在坐标轴上的情况，我们通常可以采用一些简便的加工程序，也就是说 *X*、*Y* 的坐标值可以省略不写的简化程序：

BBB35000　GX　L1

### 3.1.4 圆弧 3B 编程

在圆弧的编程过程中，其实与直线的编程基本类似仍然采用的是格式："B*X*B*Y*B*JGZ*"，只是里面的各个字母含义有所不同，下面介绍各个字母的代表含义：

*X*、*Y*——表示圆弧起点的坐标值，坐标系的原点是该圆弧的圆心。

G——计数方向与直线的计数方向恰好相反，是由终点的坐标值中较小的值来确定，若 $|X_i|>|Y_i|$，则取 GY，若 $|X_i|<|Y_i|$，取 GX。可以用 45° 线为分界线来区分，如图 3-10 所示，当在阴影区域时，G=GX，不在时 G=GY。

*J*——计数长度是圆弧在计数长度方向上的投影长度总和，对于圆弧来说，有可能跨越几个象限，如图 3-11 所示，由于终点 *B* 的坐标值 $|X_i|<|Y_i|$，所以计数方向为 GX；所以 $J=J_{X1}+J_{X2}+J_{X3}$。

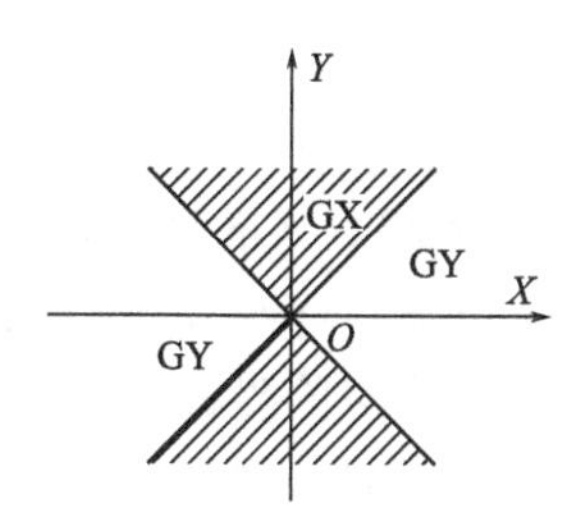


图 3-10 圆弧计数方向的确定

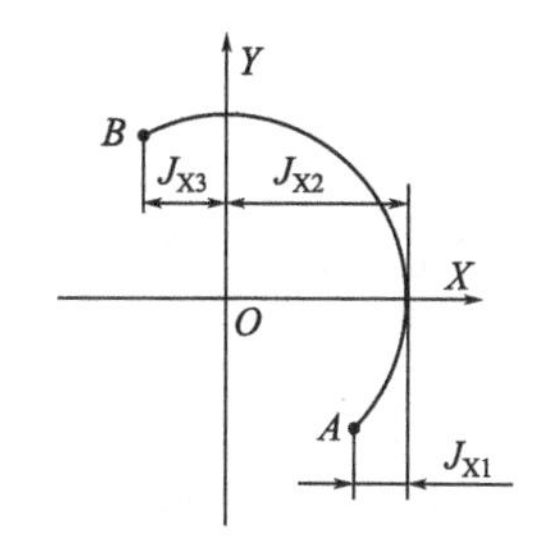


图 3-11 圆弧计数长度的确定

*Z*——加工指令的确定，由起点所在象限确定，前面表述过 SR 表示顺时针切割圆弧，NR 表示逆时针切割圆弧：

其中顺时针加工圆弧有4种，圆弧起点在第一象限（0°<$\alpha$≤90°）时取SR1，圆弧起点在第二象限（90°<$\alpha$≤180°）时取SR2，圆弧起点在第三象限（180°<$\alpha$≤270°）时取SR3，圆弧起点在第四象限（270°<$\alpha$≤360°）时取SR4，如图3-12（a）所示。

而逆时针加工圆弧也有四种，只是与顺圆弧在边界范围的取值上有所不同，圆弧起点在第一象限（0°≤$\alpha$<90°）时取NR1，圆弧起点在第二象限（90°≤$\alpha$<180°）时取NR2，圆弧起点在第三象限（180°≤$\alpha$<270°）时取NR3，圆弧起点在第四象限（270°≤$\alpha$<360°）时取NR4，如图3-12（b）所示。

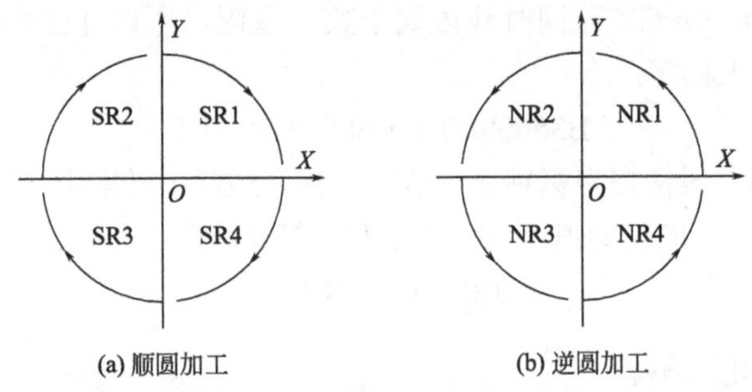


图3-12　圆弧加工指令确定

【例3-1-3】加工如图3-13所示圆弧从$A$到$B$。

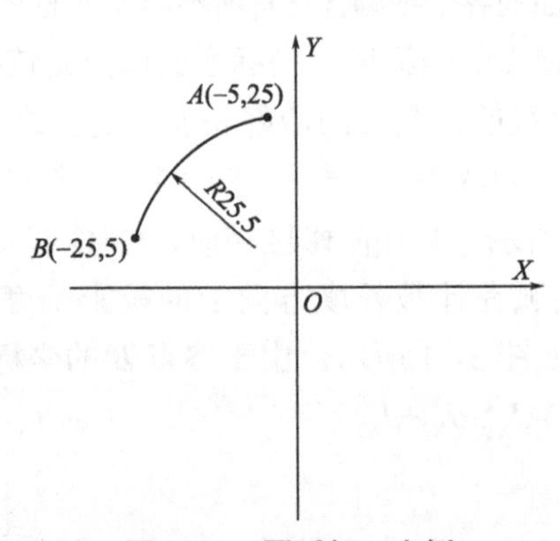


图3-13　圆弧加工实例

分析：首先确定圆弧的圆心为坐标原点$O$，圆弧的起点$A$的坐标为$X_A$=−5000，$Y_A$=25000；终点坐标为$X_B$=−25000，$Y_B$=5000；首先确定$X$=$X_A$，$Y$=$Y_A$；由于终点坐标$|X_B|>|Y_B|$，所以取G=GY，（圆弧的G值由终点的坐标值中较小的值来确定），因此计数方向上的投影长度$J=Y_A-Y_B$=25000−5000=20000。又因为起点在第二象限，并且是逆圆弧加工，所以$Z$取NR2（圆弧$Z$值由起点所在象限确定）因此圆弧从$A$到$B$的加工程序为：

B5000B25000B20000　GY　NR2

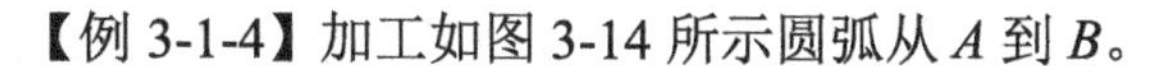

【例 3-1-4】加工如图 3-14 所示圆弧从 *A* 到 *B*。

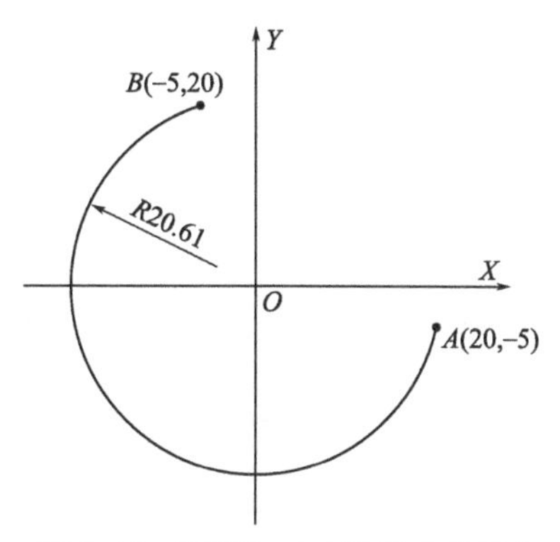


**图 3-14　圆弧加工（跨三个象限）**

分析：圆弧的坐标原点为圆心 *O*，圆弧起点 *A* 的坐标为 $X_A$=20000，$Y_A$=−5000，圆弧终点坐标为 $X_B$=−5000，$Y_B$=20000；首先确定 $X$=$X_A$，$Y$=$Y_A$；由于圆弧的终点坐标 $|X_B|<|Y_B|$，所以取 G=GX，（圆弧的 G 值由终点的坐标值中较小的值来确定）；由于圆弧跨越了 3 个象限，所以，计数长度 *J* 为 3 段圆弧在 *X* 轴上的投影 $J=X_A+R+(R-|X_B|)$=20000+20610+（20610−5000）=56220（所有圆弧在 *X* 轴上的投影长度总和）；最后确定一下 *Z* 值，由于圆弧的起点在第四象限，且为顺圆弧加工，所以加工指令 *Z* 取 SR4（圆弧 *Z* 值由起点所在象限确定），因此圆弧从 *A* 到 *B* 的加工程序：

B20000B5000B56220　GX　SR4

# 3.2　3B 编程实例 1（圆、长方形）

在学习了圆弧和直线编程之后，我们对 3B 编程有了一定的认识和了解，但是在现场加工过程中所加工的零件往往是形状各异的，如圆、圆弧、长方形以及由圆弧直线所构成的一线复杂零件，所以这一节我们就将一些基本的加工实例做一个简单的介绍，其中主要包括编程技术以及编程方法。

## 3.2.1　圆的 3B 编程

对于圆的编程，我们前面已经介绍了圆弧的编程，而圆的编程与圆弧的编程方法一致，格式仍然为“B*X*B*Y*B*JGZ*”因此在编程过程中首先要确定这些参数，然后再确定加工程序。

【例 3-2-1】加工一个圆柱体零件，半径为 *R*=30mm，材料为钛合金，如图 3-15（a）所示。

分析：在加工圆柱体时，由于所给的毛坯为长方体，我们需要从它上面把圆柱体切割下来，因此在切割过程中需要考虑它的加工方向以及如何切入等问题，针对以上分析，确定加工路线如图 3-15（b）所示。

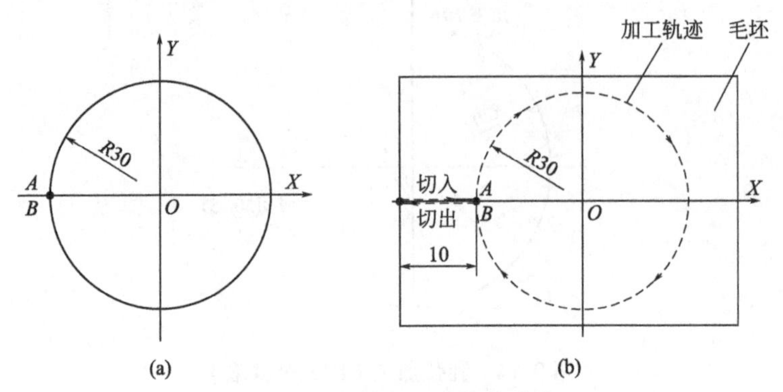


图 3-15　零件加工路径的确定

下面我们针对各个参数进行确定：

首先对圆的起始点与终点进行确定，起点坐标为 *A*（−30,0），终点坐标也是 *B*（−30,0）；圆的起点坐标确定也就意味着 *X*、*Y* 值确定，又因为终点坐标 $|X_i|>|Y_i|$，所以计数方向 G 定为 GY，对于计数长度 *J* 也就是圆在 *Y* 轴上的投影，$J=4R=4\times30=120$mm，而在这个圆的加工过程中加工起点定在坐标轴 *X* 轴的负半轴上同时是顺时针加工，且 *X* 轴的负半轴属于第 2 象限，所以加工指令取 SR2；再确定一下加工切入和切出程序即可，最后编写加工程序。

| | |
|---|---|
| B10000B0B10000　GX　L1 | %（加工切入，切入长度为 10mm，然后加工圆形） |
| B30000B0B120000　GY　SR2 | %（整圆的加工） |
| B10000B0B10000　GX　L3 | %（加工切出） |
| DD | %（加工程序结束） |

从这个实例中可以看出在线切割的加工过程中，采用的编程方法是相对坐标系编程，每走一段建立一个坐标系，其中直线段起点为坐标系原点，圆弧或者整圆其圆心为坐标系原点，这样就完成了整个图形的编程。

## 3.2.2　长方形的 3B 编程

学习完直线编程和斜线编程，那么下面我们再来了解一下一个完整的长方形的加工过程，因为长方形是由 4 条直线组成，因此它的编程可以采用简化编程法来进行编程，通过这个实例的编程进一步学习长方形的 3B 编程过程。

【例 3-2-2】加工一个长为 30mm，宽为 18mm 的长方形零件 *ABCD*，如图 3-16（a）所示。

分析：由于在单条直线的加工时，我们只需要建立一个坐标系，而在加工长

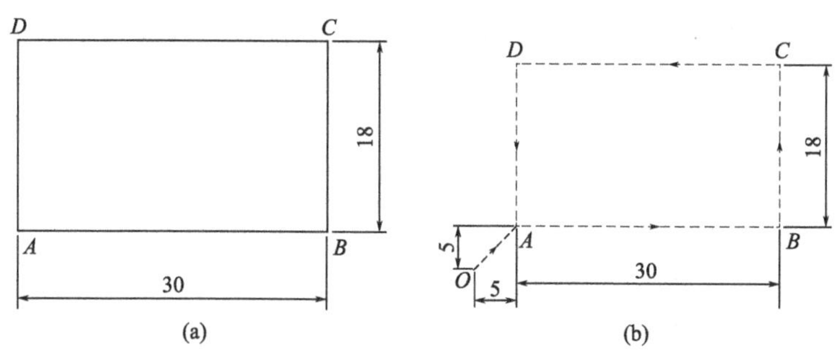


**图 3-16　加工矩形零件**

方形时每走一条直线需要建立一次坐标系，因此在加工矩形时我们要采用绝对坐标系，把各条直线加工程序编写出来，然后完成加工。

首先要确定它的加工轨迹，建立加工路线如图 3-16（b）所示，确定 *OA* 为加工切入直线，然后依次按 *AB*、*BC*、*CD*、*DA*，最后再沿着 *AO* 切出，这样就从毛坯上将工件切割下来；设 *OA*=5mm，*AB*=*CD*=30mm，*BC*=*AD*=18mm。

① 加工斜线 *OA*，坐标原点为 *O* 点，终点为 *A* 点且坐标值为（5000,5000），$|X_i|=|Y_i|$=5000，并且在第一象限 45° 处，因此取 G=GX，*J*=*X*=5000；斜线 *OA* 的加工方向是第一象限沿正方向，所以加工指令 *Z* 取 L1，因此斜线 *OA* 的加工程序为：

B5000B5000B5000　GX　L1

② 加工直线 *AB*，坐标原点为 *A* 点，终点为 *B* 点且坐标值为（30000,0），由于坐标值 $|X_i|>|Y_i|$ 故取 G=GX，因此取 *J*=*X*=30000；直线 *AB* 的加工方向是沿着 *X* 正方向，所以加工指令 *Z* 取 L1，因此直线 *AB* 的加工程序为：

B30000B0B30000　GX　L1

③ 加工直线 *BC*，坐标原点为 *B* 点，终点为 *C* 点且坐标值为（0,18000），由于坐标值 $|X_i|<|Y_i|$，故取 G=GY，因此取 *J*=*Y*=18000；直线 *AB* 的加工方向是沿着 *Y* 正方向，所以加工指令 *Z* 取 L2，因此直线 *BC* 的加工程序为：

B0B18000B18000　GY　L2

④ 加工直线 *CD*，坐标原点为 *C* 点，终点为 *D* 点且坐标值为（−30000,0），由于坐标值 $|X_i|>|Y_i|$，故取 G=GX，因此取 *J*=*X*=30000；直线 *AB* 的加工方向是沿着 *X* 负方向，所以加工指令 *Z* 取 L3，因此直线 *CD* 的加工程序为：

B30000B0B30000　GX　L3

⑤ 加工直线 *DA*，坐标原点为 *D* 点，终点为 *A* 点且坐标值为（0,−18000），由于坐标值 $|X_i|<|Y_i|$，故取 G=GY，因此取 *J*=*Y*=18000；直线 *AB* 的加工方向是沿着 *Y* 负方向，所以加工指令 *Z* 取 L4，因此直线 *BC* 的加工程序为：

B0B18000B18000　GY　L4

⑥ 加工斜线 *AO*，坐标原点为 *A* 点，终点为 *O* 点且坐标值为（−5000,−5000），

$|X_i|=|Y_i|$=5000，并且在第三象限45°处，因此取G=GX，*J*=*X*=5000；斜线*AO*的加工方向是第三象限沿负方向，所以加工指令*Z*取L3，因此斜线*OA*的加工程序为：

B5000B5000B5000　GX　L3

整体加工程序为：

N01　B 5000 B 5000 B 5000　GX　L1

N02　B 30000 B 0 B 30000　GX　L1

N03　B 0 B 18000 B 18000　GY　L2

N04　B 30000 B 0 B 30000　GX　L3

N05　B 0 B 18000 B 18000　GY　L4

N06　B 5000 B 5000 B 5000　GX　L3

N07　DD

从长方形的加工实例中可以看出来，在加工一个完整的工件时需要多次建立相对坐标然后在各自的坐标系中编写加工程序（注意在3B程序编写完成后需要对各条语句进行检查，因此在输入时尽量保证程序的格式正确，便于检查程序）。

## 3.3 3B编程实例2（五角星凹模、复杂零件）

在现实生活中有很多复杂的工件，如果采用通用机床如铣床、车床、刨床等很难满足加工要求，这时我们就可以考虑采用线切割机床来加工这些零件，这一节我们主要针对两类零件：五角星凹模和复杂零件。这些零件在通用机床上首先很难固定，用于它们的夹具设计较难，其次加工程序以及加工的刀具很难确定，因此我们采用这种又方便又准确的加工方法——电火花线切割，下面我们针对这两类零件的编程进行简单的介绍。

### 3.3.1 五角星凹模的3B编程

五角星是用五条直线画成的星星图形，对于五角星的加工是一个比较复杂的过程，但是如果我们能够加工出它的模具，那么五角星的制造将成为一件很简单的事，可如何得到一个五角星的模具呢？我们采用线切割技术在线切割机床里将程序编好导入，就可得到我们所期望的五角星凹模，下面讲述关于五角星凹模的3B编程过程。

【例3-3-1】加工如图3-17所示五角星凹模*ABCDEFGHIJ*，其中五角星的中心为图形绘图的坐标原点*O*。

分析：加工的零件为凹模，在加工过程中需要对被加工件进行掏空加工，所以对于这种类型的零件一般先打孔找中心点，然后进行穿丝，让钼丝在工件内部走刀，完成加工后再将钼丝取下来。针对这种需要掏空的零件，在加工时为了保证其完整性，不能采用切入再切出的办法，宜采用穿丝。五角星零件有10条线段，在加工时还要考虑穿丝后切入，加工完成后切出，在加工程序的编写过程中共有12条线段需要3B编程，确定了直线条数以及加工起始点*O*后，需要做的就是计算五角星上的各个坐标。在CAD中将五角星的零件图绘制完成然后将各个点的坐标进行查询得：

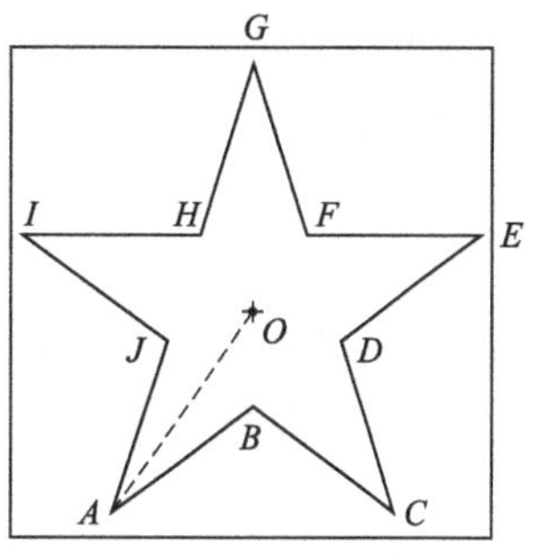

图3-17 五角星图形

*O*(80,99)、*A*(65,79)、*B*(80,89)、*C*(95,79)、*D*(89,96)、*E*(104,107)、*F*(86,107)、*G*(80,125)、*H*(74,107)、*I*(56,107)、*J*(71,96)

① 加工斜线*OA*，坐标原点为*O*点，终点为*A*点且相对于*O*坐标为$X_A$=−15000，$Y_A$=−20000，由于$|X_A|<|Y_A|$，故取G=GY，$J=|Y_A|$=20000；斜线*OA*处于第三象限，所以加工指令*Z*取L3，因此斜线*OA*的加工程序为：

B15000B20000B20000 GY L3

② 加工斜线*AB*，坐标原点为*A*点，终点为*B*点且相对于*A*坐标为$X_B$=15000，$Y_B$=10000，由于$|X_B|>|Y_B|$，故取G=GX，$J=|X_B|$=15000；斜线*AB*处于第一 象限，所以加工指令*Z*取L1，因此斜线*AB*的加工程序为：

B15000B10000B15000 GX L1

③ 加工斜线*BC*，坐标原点为*B*点，终点为*C*点且相对于*B*坐标为$X_C$=15000，$Y_C$=−10000，由于$|X_C|>|Y_C|$，故取G=GX，$J=|X_C|$=15000；斜线*BC*处于第四象限，所以加工指令*Z*取L4，因此斜线*BC*的加工程序为：

B15000B10000B15000 GX L4

④ 加工斜线*CD*，坐标原点为*C*点，终点为*D*点且相对于*C*坐标为$X_D$=−6000，$Y_D$=17000，由于$|X_D|<|Y_D|$，故取G=GY，$J=|Y_D|$=17000；斜线*CD*处于第二象限，所以加工指令*Z*取L2，因此斜线*CD*的加工程序为：

B6000B17000B17000 GY L2

⑤ 加工斜线*DE*，坐标原点为*D*点，终点为*E*点且相于*D*坐标为$X_E$=15000，$Y_E$=11000，由于$|X_E|>|Y_E|$，故取G=GX，$J=|X_E|$=15000；斜线*DE*处于第一象限，所以加工指令*Z*取L1，因此斜线*DE*的加工程序为：

B15000B11000B15000 GX L1

⑥ 加工斜线*EF*，坐标原点为*E*点，终点为*F*点且相对于*E*坐标为$X_F$=−18000，$Y_F$=0，由于$|X_F|>|Y_F|$，故取G=GX，$J=|X_F|$=*18000*；斜线*EF*处于第三象限，所以加工指令*Z*取*L3*，因此斜线*EF*的加工程序为：

B18000B0B18000 GX L3

⑦ 加工斜线*FG*，坐标原点为*F*点，终点为*G*点且相对于*F*坐标为$X_G$=−6000，

$Y_G$=18000，由于 $|X_G|<|Y_G|$，故取 G=GY，$J=|Y_G|$=18000；斜线 *FG* 处于第二象限，所以加工指令 *Z* 取 L2，因此斜线 *FG* 的加工程序为：

B6000B18000B18000　GY　L2

⑧ 加工斜线 *GH*，坐标原点为 *G* 点，终点为 *H* 点且相对于 *G* 坐标为 $X_H$=−6000，$Y_H$=−18000，由于 $|X_H|<|Y_H|$，故取 G=GY，$J=|Y_H|$=18000；斜线 *GH* 处于第三象限，所以加工指令 *Z* 取 L3，因此斜线 *GH* 的加工程序为：

B6000B18000B18000　GY　L3

⑨ 加工斜线 *HI*，坐标原点为 *H* 点，终点为 *I* 点且相对于 *H* 坐标为 $X_I$=−18000，$Y_I$=0，由于 $|X_I|>|Y_I|$，故取 G=GX，$J=|X_I|$=18000；斜线 *GH* 处于第三象限，所以加工指令 *Z* 取 L3，因此斜线 *HI* 的加工程序为：

B18000B0B18000　GX　L3

⑩ 加工斜线 *IJ*，坐标原点为 *I* 点，终点为 *J* 点且相对于 *I* 坐标为 $X_J$=15000，$Y_J$=−11000，由于 $|X_J|>|Y_J|$，故取 G=GX，$J=|X_J|$=15000；斜线 *IJ* 处于第四象限，所以加工指令 *Z* 取 L4，因此斜线 *IJ* 的加工程序为：

B15000B11000B15000　GX　L4

⑪ 加工斜线 *JA*，坐标原点为 *J* 点，终点为 *A* 点且相对于 *J* 坐标为 $X_A$=−6000，$Y_A$=−17000，由于 $|X_A|<|Y_A|$，故取 G=GY，$J=|Y_A|$=17000；斜线 *JA* 处于第三象限，所以加工指令 *Z* 取 L3，因此斜线 *JA* 的加工程序为：

B6000B17000B17000　GY　L3

⑫ 加工斜线 *AO*，坐标原点为 *A* 点，终点为 *O* 点且相对于 *A* 坐标为 $X_O$=15000，$Y_O$=20000，由于 $|X_O|<|Y_O|$，故取 G=GY，$J=|Y_O|$=20000；斜线 *AO* 处于第一象限，所以加工指令 *Z* 取 L1，因此斜线 *AO* 的加工程序为：

B15000B20000B20000　GY　L1

零件的完整加工程序：

N01　B 15000 B 20000 B 20000　GY　L3
N02　B 15000 B 10000 B 15000　GX　L1
N03　B 15000 B 10000 B 15000　GX　L4
N04　B 6000 B 17000 B 17000　GY　L2
N05　B 15000 B 11000 B 15000　GX　L1
N06　B 18000 B 0 B 18000　GX　L3
N07　B 6000 B 18000 B 18000　GY　L2
N08　B 6000 B 18000 B 18000　GY　L3
N09　B 18000 B 0 B 18000　GX　L3
N10　B 15000 B 11000 B 15000　GX　L4
N11　B 6000 B 17000 B 17000　GY　L3

N12 B 15000 B 20000 B 20000 GY L1

N13 DD

在加工程序编写完成之后，将其导入到 HL 系统的电火花线切割机中，然后运行模拟切割查看轨迹是否正确，若加工轨迹与期望的不相符，在图像中找出是哪条线段的加工轨迹出现了问题，然后对应地找到这句程序进行修改，最终得到正确的加工程序。

## 3.3.2 复杂零件的 3B 编程

在现实生活中我们见到的零件有各种各样的，它们的形状千奇百怪，这些很复杂的零件也正是令机械加工技术人员最头疼的，因为且不谈它的精度，就是把它加工出来都困难。而正是线切割机的出现为他们解决了这个难题，在线切割加工中，我们只需要将它的加工路线定量地确定下来，再转换成 3B 程序就可以加工出来。同时，线切割加工可以保证很高的尺寸精度和位置精度，主要是线切割的加工刀具的尺寸小，通常情况下我们采用的是钼丝，直径为 0.2mm，所以加工出来的零件精度非常高，这一节我们通过一个复杂凹模的实例来介绍复杂凹模的 3B 编程方法。

【例 3-3-2】编写图 3-18 所示的零件的线切割 3B 程序（加工工件的外轮廓）。

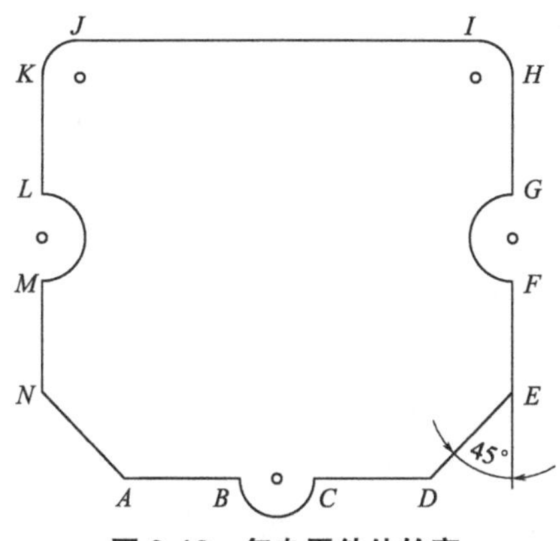


**图 3-18 复杂零件外轮廓**

分析：首先确定加工切入点，然后计算出所需要毛坯的大小，再确定如何装夹有利于加工；在编程时需要在 CAD 里将所加工的零件的图形绘制完成，并且把相应的坐标点在 CAD 里查询出来，根据所得坐标来确定加工路线，将整个零件划分为多条分离的线段，再把每一条线段的加工程序编写完成，最后将所有的程序整理为一段完整的加工程序。根据 CAD 的查询功能将所有的点的坐标查询出来：$O(-5,-5)$、$A(0,0)$、$B(15,0)$、$C(25,0)$、$D(40,0)$、$E(51,11)$、$F(51,25)$、$G(51,37)$、$H(51,52)$、$I(46,57)$、$J(-7,57)$、$K(-12,52)$、$L(-12,37)$、$M(-12,25)$、$N(-12,11)$。

下面需要把加工的起始点与加工方向定下来就可以进行编程了；这个零件里将 *O* 点定为加工起始点，沿着 *OA*、*AB*、*BC*、*CD*、*DE*、*EF*、*FG*、*GH*、*HI*、*IJ*、*JK*、*KL*、*LM*、*MN*、*MA*、*AO* 的路线加工，这时需要做的就是将所有的线段的程序编写完成：

① 加工斜线段 *OA*（切入工件），坐标原点为 *O* 点，终点 *A* 相对于 *O* 的坐标值为 $X_A$=5000，$Y_A$=5000；由于线段终点 *A* 的坐标值 $|X_A|=|Y_A|$，并且在第一象限 45° 处，故取 G=GY，$J=|Y_A|$=5000；线段 *OA* 处于第一象限，所以加工指令 *Z* 取 L1，因此线段 *OA* 的加工程序为：

B5000 B5000 B5000　GY　L1

② 加工直线段 *AB*，坐标原点为 *A* 点，终点 *B* 相对于 *A* 点的坐标值为 $X_B$=15000，$Y_B$=0；由于线段终点 *B* 的坐标值 $|X_B|>|Y_B|$ 并在 *X* 轴的正半轴上，故取 G=GX，$J=|X_B|$=15000；线段 *AB* 处于第一象限，所以加工指令 *Z* 取 L1，因此线段 *AB* 的加工程序为：

B15000 B0 B15000　GX　L1

③ 加工圆弧 *BC*，坐标原点为圆弧圆心，起点 *B* 相对于圆心的坐标值为 $X_B$=−5000，$Y_B$=0；由于终点 *C* 的坐标值为 $X_C$=5000，$Y_C$=0；$|X_C|>|Y_C|$，故取 G=GY，故计数长度 *J* 为圆弧在 *Y* 轴上的投影长度 $J=2R$=10000；圆弧 *BC* 的起点 *B* 处于第三象限，且为逆时针圆弧，所以加工指令 *Z* 取 NR3，因此圆弧 *BC* 的加工程序为：

B5000 B0 B10000　GY　NR3

④ 加工直线段 *CD*，坐标原点为 *C* 点，终点 *D* 相对于 *C* 点的坐标值为 $X_D$=15000，$Y_D$=0；由于线段终点 *D* 的坐标值 $|X_D|>|Y_D|$ 并在 *X* 轴的正半轴上，故取 G=GX，$J=|X_D|$=15000；线段 *CD* 处于第一象限，所以加工指令 *Z* 取 L1，因此线段 *CD* 的加工程序为：

B15000 B0 B15000　GX　L1

⑤ 加工斜线段 *DE*，坐标原点为 *D* 点，终点 *E* 相对于 *D* 点的坐标值为 $X_E$=11000，$Y_E$=11000；由于线段终点 *E* 的坐标值 $|X_E|=|Y_E|$ 并在第一象限 45° 线上，故取 G=GY，$J=|Y_E|$=11000；线段 *DE* 处于第一象限，所以加工指令 *Z* 取 L1，因此线段 *DE* 的加工程序为：

B11000 B11000 B11000　GY　L1

⑥ 加工直线段 *EF*，坐标原点为 *E* 点，终点 *F* 相对于 *E* 点的坐标值为 $X_F$=0，$Y_F$=14000；由于线段终点 *F* 的坐标值 $|X_F|<|Y_F|$ 并在 *Y* 轴的正半轴上，故取 G=GY，$J=|Y_F|$=14000；线段 *EF* 处于第二象限，所以加工指令 *Z* 取 L2，因此线段 *EF* 的加工程序为：

B0 B14000 B14000　GY　L2

⑦ 加工圆弧 $FG$，坐标原点为圆弧圆心，起点 $F$ 相对于圆心的坐标值为 $X_F=0$，$Y_F=-6000$；由于终点 $G$ 的坐标值为 $X_G=0$，$Y_G=6000$；$|X_G|<|Y_G|$，故取 G=GX，故计数长度 $J$ 为圆弧在 $X$ 轴上的投影长度 $J=2R=12000$；圆弧 $FG$ 的起点 $F$ 处于第三象限，且为顺时针圆弧，所以加工指令 $Z$ 取 SR3，因此圆弧 $FG$ 的加工程序为：

B0 B6000 B12000　GX　SR3

⑧ 加工直线段 $GH$，坐标原点为 $G$ 点，终点 $H$ 相对于 $G$ 点的坐标值为 $X_H=0$，$Y_H=15000$；由于线段终点 $H$ 的坐标值 $|X_H|<|Y_H|$ 并在 $Y$ 轴的正半轴上，故取 G=GY，$J=|Y_H|=15000$；线段 $GH$ 处于第二象限，所以加工指令 $Z$ 取 L2，因此线段 $GH$ 的加工程序为：

B0 B15000 B15000　GY　L2

⑨ 加工圆弧 $HI$，坐标原点为圆弧圆心，起点 $H$ 相对于圆心的坐标值为 $X_H=5000$，$Y_H=0$；由于终点 $I$ 的坐标值为 $X_I=0$，$Y_I=5000$；$|X_I|<|Y_I|$，故取 G=GX，故计数长度 $J$ 为圆弧在 $X$ 轴上的投影长度 $J=R=5000$；圆弧 $HI$ 的起点 $H$ 处于第一象限，且为逆时针圆弧，所以加工指令 $Z$ 取 NR1，因此圆弧 $HI$ 的加工程序为：

B5000 B0 B5000　GX　NR1

⑩ 加工直线段 $IJ$，坐标原点为 $I$ 点，终点 $J$ 相对于 $I$ 点的坐标值为 $X_J=-53000$，$Y_J=0$；由于线段终点 $J$ 的坐标值 $|X_J|>|Y_J|$ 并在 $X$ 轴的负半轴上，故取 G=GX，$J=|X_J|=53000$；线段 $AB$ 处于第三象限，所以加工指令 $Z$ 取 L3，因此线段 $IJ$ 的加工程序为：

B53000 B0 B53000　GX　L3

⑪ 加工圆弧 $JK$，坐标原点为圆弧圆心，起点 $J$ 相对于圆心的坐标值为 $X_J=0$，$Y_J=5000$；由于终点 $K$ 的坐标值为 $X_K=-5000$，$Y_K=0$；$|X_K|>|Y_K|$，故取 $G=GY$，故计数长度 $J$ 为圆弧在 $Y$ 轴上的投影长度 $J=R=5000$；圆弧 $JK$ 的起点 $J$ 处于第二象限，且为逆时针圆弧，所以加工指令 $Z$ 取 NR2，因此圆弧 $JK$ 的加工程序为：

B0 B5000 B5000　GY　NR2

⑫ 加工直线段 $KL$，坐标原点为 $K$ 点，终点 $L$ 相对于 $K$ 点的坐标值为 $X_L=0$，$Y_L=-25000$；由于线段终点 $L$ 的坐标值 $|X_L|<|Y_L|$ 并在 $X$ 轴的负半轴上，故取 G=GY，$J=|Y_L|=25000$；线段 $KL$ 处于第四象限，所以加工指令 $Z$ 取 L4，因此线段 $KL$ 的加工程序为：

B0 B25000 B25000　GY　L4

⑬ 加工圆弧 $LM$，坐标原点为圆弧圆心，起点 $L$ 相对于圆心的坐标值为 $X_L=0$，$Y_L=6000$；由于终点 $M$ 的坐标值为 $X_M=0$，$Y_M=-6000$；$|X_M|<|Y_M|$，故取 G=GX，故计数长度 $J$ 为圆弧在 $X$ 轴上的投影长度 $J=2R=12000$；圆弧 $LM$ 的起点 $L$ 处于第一象限，且为顺时针圆弧，所以加工指令 $Z$ 取 SR1，因此圆弧 $LM$ 的加

工程序为：

B0 B6000 B12000　GX　SR1

⑭ 加工直线段 $MN$，坐标原点为 $M$ 点，终点 $N$ 相对于 $M$ 点的坐标值为 $X_N=0$，$Y_N=-12000$；由于线段终点 $N$ 的坐标值 $|X_N|<|Y_N|$ 并在 $Y$ 轴的负半轴上，故取 G=GY，$J=|Y_N|=12000$；线段 $MN$ 处于第四象限，所以加工指令 $Z$ 取 L4，因此线段 $MN$ 的加工程序为：

B0 B12000 B12000　GY　L4

⑮ 加工斜线段 $NA$，坐标原点为 $N$ 点，终点 $A$ 相对于 $N$ 点的坐标值为 $X_A=11000$，$Y_A=-11000$；由于线段终点 $A$ 的坐标值 $|X_A|=|Y_A|$ 并在 225° 线上，故取 G=GX，$J=|X_A|=11000$；线段 $NA$ 处于第四象限，所以加工指令 $Z$ 取 L4，因此线段 $NA$ 的加工程序为：

B11000 B11000 B11000　GX　L4

⑯ 加工斜线段 $AO$（切出工件），坐标原点为 $A$ 点，终点 $O$ 相对于 $A$ 点的坐标值为 $X_O=-5000$，$Y_O=-5000$；由于线段终点 $O$ 的坐标值 $|X_O|=|Y_O|$ 并在 135° 线上，故取 G=GY，$J=|Y_O|=5000$；线段 $AO$ 处于第三象限，所以加工指令 $Z$ 取 L3，因此线段 $AO$ 的加工程序为：

B5000 B5000 B5000　GY　L3

零件的整体加工程序：

N01　B5000 B5000 B5000　GY　L1
N02　B15000 B0 B15000　GX　L1
N03　B5000 B0 B10000　GY　NR3
N04　B15000 B0 B15000　GX　L1
N05　B11000 B11000 B11000　GX　L1
N06　B 0 B14000 B14000　GY　L2
N07　B 0 B6000 B12000　GX　SR3
N08　B 0 B15000 B15000　GY　L2
N09　B5000 B0 B5000　GX　NR1
N10　B53000 B 0 B53000　GX　L3
N11　B0 B5000 B5000　GY　NR2
N12　B0 B25000 B25000　GY　L4
N13　B0 B6000 B12000　GX　SR1
N14　B0 B12000 B12000　GY　L4
N15　B11000 B11000 B11000　GX　L4
N16　B5000 B5000 B5000　GY　L3
N17　DD

在完成加工程序以后，将编好的3B程序输入到HL系统中或者CAXA中进行模拟加工，来查看加工的轨迹是否正确。如果有错误，将相应的程序进行修改得到正确的加工程序，输入到线切割机床中完成零件的加工。这样一个在其他机床上很难加工出来的复杂的零件，我们在线切割机床上就轻松地加工完成了，更重要的是加工完成的零件精度非常高。

# 3.4　3B编程的半径补偿

在数控加工过程中，机床控制的是刀具中心的运动轨迹，而用户在编程过程中总是希望按照零件的轮廓进行编程，因而为了得到加工所需的零件轮廓，在进行内轮廓加工时，刀具必须向零件内侧偏移一个偏移量；在进行外轮廓加工时，刀具中心必须向零件的外侧偏移一个偏移量，如图3-19所示；在加工时我们只需要设置一下偏移量$f$的值，如果$f$为$+f$则认为是加工外轮廓时向外的偏移量，若$f$为$-f$则说明是加工内轮廓时向内的偏移量，数控系统能够根据我们输入的值自动生成刀具（钼丝）中心的加工轨迹，这种功能叫作半径补偿。

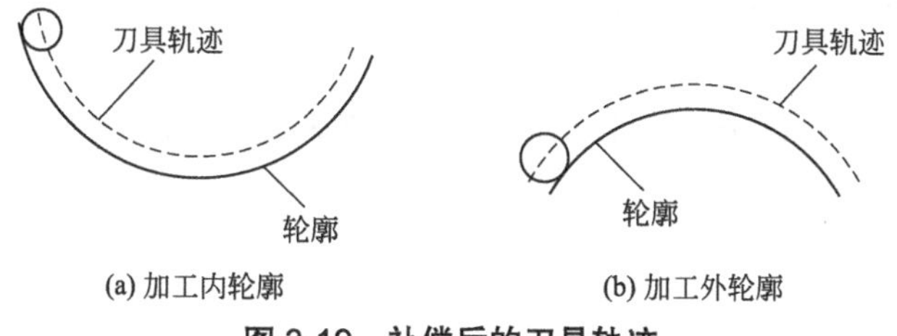


**图3-19　补偿后的刀具轨迹**

## 3.4.1　补偿量的计算方法

间隙补偿量又称为补偿量或偏移量，是指电极丝（钼丝）几何中心实际运动的轨迹与编程轮廓之间的尺寸差值。线切割编程中的补偿量一般包括电极丝的半径和工件间的放电间隙两部分；图3-20为电极丝放电补偿量的示意图。

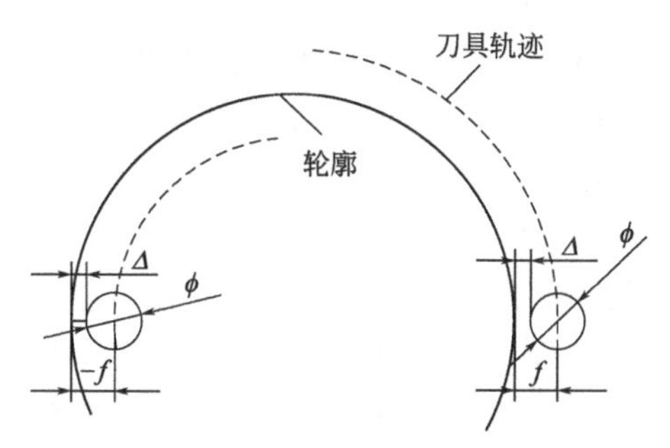


**图3-20　电极丝放电补偿量示意图**

补偿量： $f=R_{丝}+\Delta$

式中，$R_{丝}$表示电极丝的半径（通常采用$\phi$0.18mm）；$\Delta$ 表示单边放电间隙，mm。

## 3.4.2 补偿量 f 的正、负判断

间隙补偿量的正负可根据在电极丝中心轨迹的图形中圆弧半径及直线段法线长度的变化情况来确定；对于圆弧加工，若电极丝中心轨迹的圆弧半径比所加工的工件的半径 *R* 大，则规定补偿量为 +*f*；若电极丝中心轨迹的圆弧半径比所加工的工件的半径 *R* 小，则规定补偿量为 −*f*；如图 3-21 所示。对于直线的加工，设直线的法线长度为 *P*，若电极丝中心轨迹的法线长度比所加工的工件的法线长度 *P* 大，则规定补偿量为 +*f*；若电极丝中心轨迹的法线长度比所加工的工件的法线长度 *P* 小，则规定补偿量为 −*f*，如图 3-22 所示，所以在确定补偿量的符号时，只需要考虑上述情况即可。

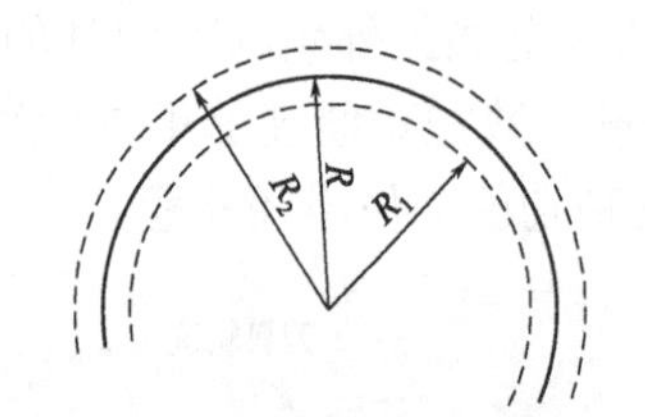

图 3-21 圆弧补偿量符号确定

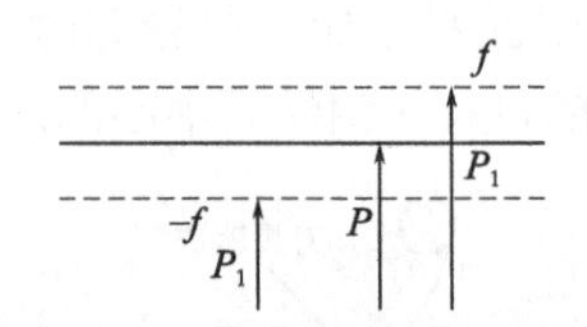

图 3-22 直线补偿量符号确定

## 3.4.3 补偿量 f 的实现方式

数控线切割机床电极丝补偿量的实现方式有以下两种。

（1）补偿量由数控装置的刀具补偿功能实现

此编程方式为带补偿的 3B 程序格式，采用此方式进行编程时，不需要计算电极丝中心运动轨迹的坐标值，而只需要按照工件的轮廓进行编程，补偿量由输入到控制装置寄存器内的数值给定，而 3B 程序格式中加入补偿方向即可。

B*X* B*Y* B*J* B*R* G D(DD) Z

该格式为 4B 格式，其中，（*X*, *Y*）为起点或终点坐标值；*J* 为计数长度（即在 *X*、*Y* 上的投影长度）；G 为计数方向；Z 为轨迹类型；*R* 为圆弧半径或公切圆半径；D（DD）为曲线形式，它决定着补偿的方向，D 为凸，DD 为凹。但在老式机上往往只能使用 3B 程序，所以我们重点介绍 3B 程序。

（2）补偿值直接编入程序

采用此方式编程时，程序中的坐标值为加入补偿量的电极丝中心轨迹坐标值。此时在控制装置寄存器内的补偿值为零。用户可以使用 AutoCAD 或其他绘图软件将待加工的轮廓偏移一个补偿值，通过测量得到各个经过偏移后的端点、交点、中心点等的坐标值（也即加入了补偿值的电极丝中心轨迹坐标值），这样

可以大大减少计算数量，如图 3-23 所示。

### 3.4.4　过渡圆角半径 *R* 的确定

（1）线切割加工中必须加过渡圆角的原因

在线切割机的加工过程中，没有绝对的内直角或者说是所有的内直角都是以很小的圆角过渡的，这是由于电极丝的放电间隙一定，这样导致了在直角 *B* 处的放电间隙与直线 *AB*、*BC* 处一样，如图 3-24 所示，且 $R=r_{丝}+\Delta$（$r_{丝}$为电极丝的半径，$\Delta$ 为放电间隙）。*B* 点是以过渡圆角 *R* 过渡的，*R* 肯定大于 0，所以电火花线切割机加工不出尖角。我们在线切割机加工的零件中看到的尖角都是圆角，只不过是圆角的半径较小而已。

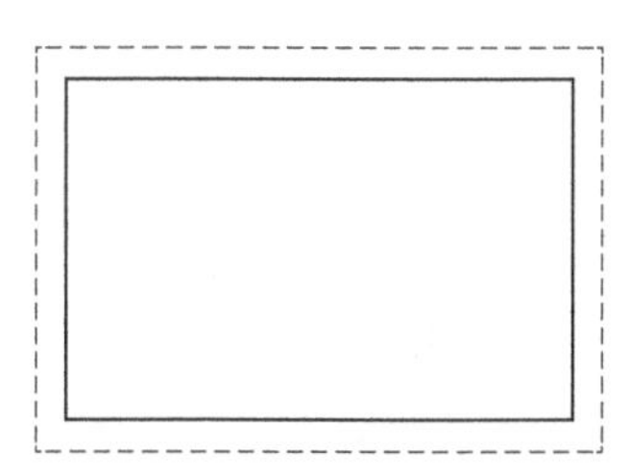

图 3-23　按照虚线路径编程

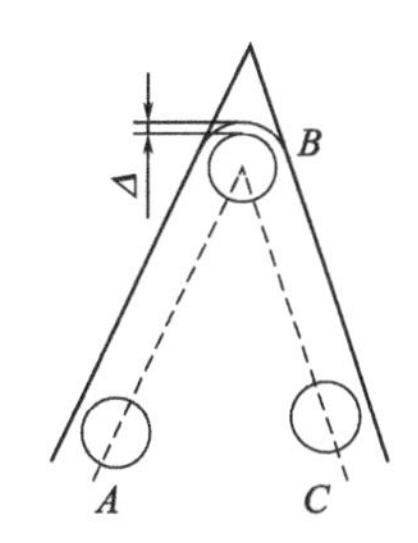


图 3-24　过渡圆角 *R* 的产生

（2）需要添加过渡圆弧的尖角

① 两条直线相交的尖角，见图 3-25（a）。

② 直线和圆弧相交的尖角，见图 3-25（b）。

③ 圆弧和圆弧相交的尖角，见图 3-25（c）。

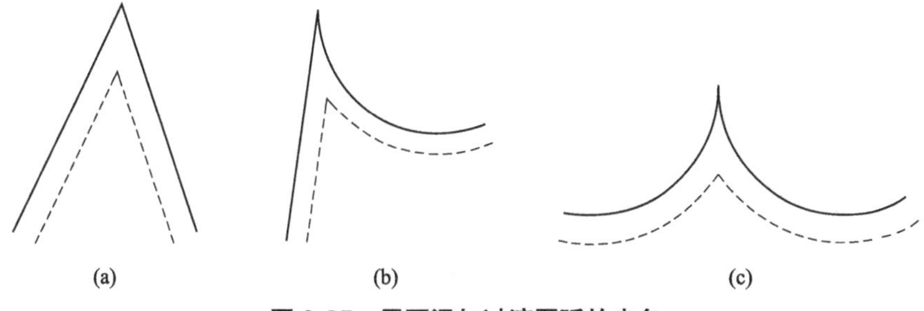


图 3-25　需要添加过渡圆弧的尖角

（3）过渡圆弧半径 *R* 等于、大于、小于间隙补偿量 *f*

① 当过渡圆半径 *R* 等于间隙补偿量 *f* 时，所加工出的零件与设计时的零件是一致的，满足设计要求，得到的零件也是理想的零件。见图 3-26（a）。

② 当过渡圆半径 *R* 大于间隙补偿量 *f* 时，所加工出的零件与设计时的零件是不一致的，在过渡圆角处加工出来的圆角比设计圆角要小一些，得到的零件也

不是预想的零件。见图 3-26（b）。

③ 过渡圆半径 $R$ 小于间隙补偿量 $f$ 时，所加工出的零件与设计时的零件也是不一致的，在过渡圆角处加工出来的圆角比设计圆角要大一些，这样就会出现过切现象，导致零件加工出来的圆角不是预想的零件，如果该零件对圆角要求严格，则加工出的零件就是报废的产品。见图 3-26（c）。

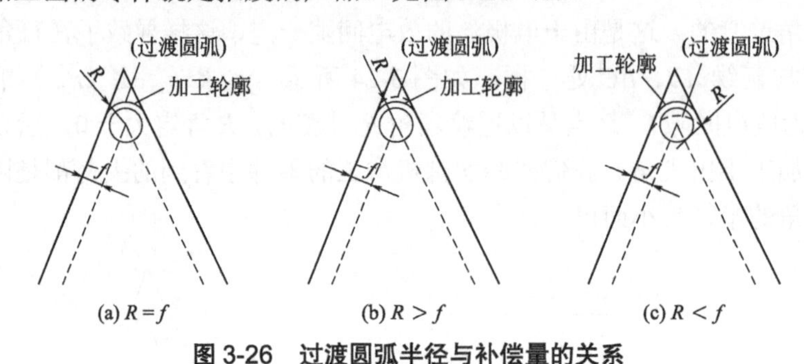


图 3-26　过渡圆弧半径与补偿量的关系

（4）若线切割加工中没有考虑过渡圆弧会出现什么样情况？

在线切割加工过程中如果不加过渡圆弧，会出现过切、自动过渡圆角、断丝等现象，最终导致与所要加工的零件不相符，下面我们一一列举线切割加工中没有考虑过渡圆弧会出现什么样情况：

① 在加工内轮廓时

a. 在加工锐角时，会出现图 3-27（a）所示的情况，因为没有过渡圆弧所以在建立补偿以后，刀具中心轨迹要按照计算结果进行走刀，这样在走完第一条直线的同时会切到第二条直线的边从而导致过切现象，在尖角的部分都会出现过切现象而不满足加工要求。

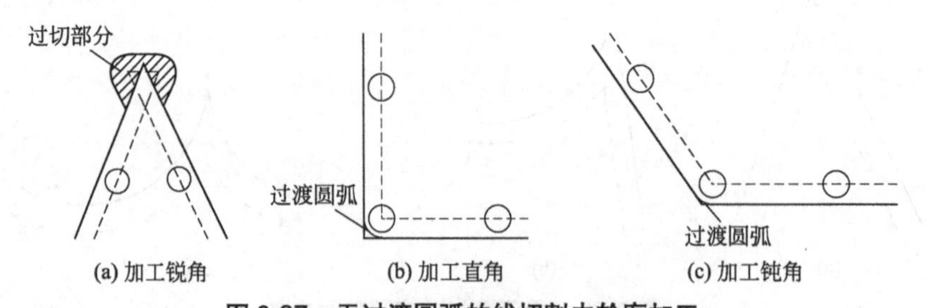


图 3-27　无过渡圆弧的线切割内轮廓加工

b. 在加工直角时，会出现图 3-27（b）所示的情况，因为没有过渡圆弧所以在建立补偿以后，刀具中心轨迹要按照计算结果进行走刀，这样在走完第一条直线的端点处时也就是第二条直线的起点时由于放电间隙一定所以在直角处会以一个圆角代替，在直角的部分都会被圆角代替而不满足加工要求。

c. 在加工钝角时，会出现图 3-27（c）所示的情况，因为没有过渡圆弧所以在建立补偿以后，刀具中心轨迹要按照计算结果进行走刀，这样在走完第一条直线的端点处时也就是第二条直线的起点时由于放电间隙一定所以在钝角处会以一个圆角代替，在钝角的部分都会被圆角代替而不满足加工要求。

② 在加工外轮廓时

a. 在加工锐角时，会出现图 3-28（a）所示的情况，因为没有过渡圆弧所以在建立补偿以后，刀具中心轨迹要按照计算结果进行走刀，这样在走完第一条直线要到达第二条直线的中心轨迹起点处时，尖角的部分切不到，从而用很短的一段直线代替尖角。

b. 在加工直角时，会出现图 3-28（b）所示的情况，因为没有过渡圆弧所以在建立补偿以后，刀具中心轨迹要按照计算结果进行走刀，这样在走完第一条直线要到达第二条直线的中心轨迹起点处时，直角的部分切不到，从而用很短的一段直线代替直角。

c. 在加工钝角时，会出现图 3-28（c）所示的情况，因为没有过渡圆弧所以在建立补偿以后，刀具中心轨迹要按照计算结果进行走刀，这样在走完第一条直线要到达第二条直线的中心轨迹起点处时，钝角的部分可以圆滑过渡完成钝角的加工。

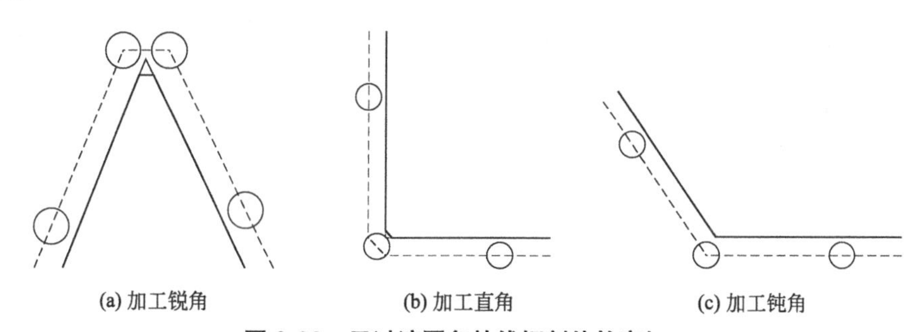

(a) 加工锐角　(b) 加工直角　(c) 加工钝角

**图 3-28　无过渡圆角的线切割外轮廓加工**

若在加工内尖角时，很容易产生丝与工件接触，导致丝在很短的时间内高温熔断，从而给加工带来很大的麻烦，因此在线切割加工的过程中加过渡圆弧是必需的，否则很难得到在误差范围以内的零件。

## 3.5　具有补偿功能的 3B 编程实例

通过对补偿的介绍，我们也了解到了在加工一个零件的过程中建立补偿值是非常必要的，如果不建立补偿值则加工得到的零件是不满足设计要求的，即使建立补偿值以后，同样在加工内轮廓中还要考虑采用圆弧过渡避免过切问题。加工外轮廓时可以不考虑采用圆弧过渡，计算机会自动用一条很短的直线代替。

【例 3-5-1】加工一个矩形凹模，长 $X$=40mm，宽 $Y$=20mm，考虑过渡圆弧，则过渡圆弧的半径为 0.1mm，补偿量由数控装置的刀具补偿功能实现，零件图如图 3-29（a）所示，刀具的加工轨迹见图 3-29（b）。

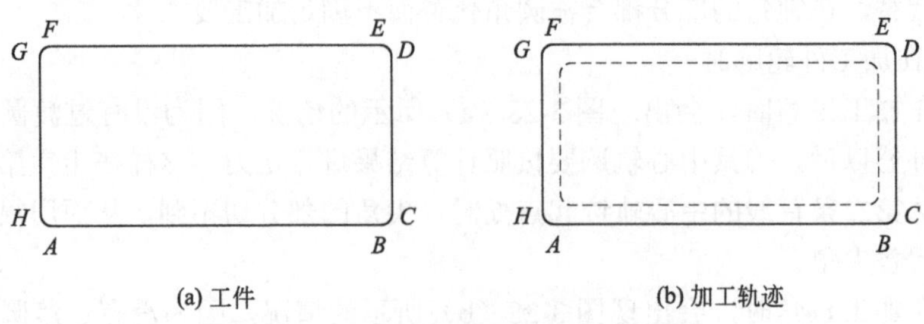


**图 3-29 考虑过渡圆弧的零件加工编程**

分析：补偿量 0.1mm=100μm，在编程过程中不需要考虑补偿量，直接按照图形的大小进行编程，在加工时将控制装置寄存器里的补偿值设置为 0.1mm 即可。各点的坐标 $O$(0,0)、$A$(−4.9，−5)、$B$(34.9,−5)、$C$(35,−4.9)、$D$(35,14.9)、$E$(34.9,15)、$F$(−4.9,15)、$G$(−5,14.9)、$H$(−5,−4.9) 选 $O$ 点为加工切入点，在 $O$ 点钻一孔，然后从 $O$ 点穿丝。

① 加工斜线段 $OA$（切入工件），坐标原点为 $O$ 点，终点 $A$ 相对于 $O$ 的坐标值为 $X_A=-4900$，$Y_A=-5000$；由于线段终点 $A$ 的坐标值 $|X_A|<|Y_A|$，故取 G=GY，$J=|Y_A|=5000$；线段 $OA$ 处于第三象限，所以加工指令 $Z$ 取 L3，因此线段 $OA$ 的加工程序为：

B4900 B5000 B5000　GY　L3

② 加工直线段 $AB$，坐标原点为 $A$ 点，终点 $B$ 相对于 $A$ 点的坐标值为 $X_B=39800$，$Y_B=0$；由于线段终点 $B$ 的坐标值 $|X_B|>|Y_B|$ 并在 $X$ 轴的正半轴上，故取 G=GX，$J=|X_B|=39800$；线段 $AB$ 处于第一象限，所以加工指令 $Z$ 取 L1，因此线段 $AB$ 的加工程序为：

B39800 B0 B39800　GX　L1

③ 加工圆弧 $BC$，坐标原点为圆弧圆心，起点 $B$ 相对于圆心的坐标值为 $X_B=0$，$Y_B=-100$；由于终点 $C$ 的坐标值为 $X_C=100$，$Y_C=0$；$|X_C|>|Y_C|$，故取 G=GY，故计数长度 $J$ 为圆弧在 $Y$ 轴上的投影长度 $J=R=100$；圆弧 $BC$ 的起点 $B$ 处于第四象限，且为逆时针圆弧，所以加工指令 $Z$ 取 NR4，因此圆弧 $BC$ 的加工程序为：

B0 B100 B100　GY　NR4

④ 加工直线段 $CD$，坐标原点为 $C$ 点，终点 $D$ 相对于 $C$ 点的坐标值为 $X_D=0$，$Y_D=19800$；由于线段终点 $D$ 的坐标值 $|X_D|<|Y_D|$ 并在 $Y$ 轴的正半轴上，故取 G=GY，$J=|Y_D|=19800$；线段 $CD$ 处于第二象限，所以加工指令 $Z$ 取 L2，因此线段 $CD$ 的加工程序为：

B0 B19800 B19800　GY　L2

⑤ 加工圆弧 $DE$，坐标原点为圆弧圆心，起点 $D$ 相对于圆心的坐标值为 $X_D=100$，$Y_D=0$；由于终点 $E$ 的坐标值为 $X_E=0$，$Y_E=100$；$|X_E|<|Y_E|$，故取 G=GX，故计数长度 $J$ 为圆弧在 $X$ 轴上的投影长度 $J=R=100$；圆弧 $DE$ 的起点 $D$ 处于第一象限，且为逆时针圆弧，所以加工指令 $Z$ 取 NR1，因此圆弧 $DE$ 的加工程序为：

B100 B0 B100 GX NR1

⑥ 加工直线段 $EF$，坐标原点为 $E$ 点，终点 $F$ 相对于 $E$ 点的坐标值为 $X_F=-39800$，$Y_F=0$；由于线段终点 $F$ 的坐标值 $|X_F|>|Y_F|$ 并在 $X$ 轴的负半轴上，故取 G=GX，$J=|X_F|=39800$；线段 $EF$ 处于第三象限，所以加工指令 $Z$ 取 L3，因此线段 $EF$ 的加工程序为：

B39800 B0 B39800 GX L3

⑦ 加工圆弧 $FG$，坐标原点为圆弧圆心，起点 $F$ 相对于圆心的坐标值为 $X_F=0$，$Y_F=100$；由于终点 $G$ 的坐标值为 $X_G=-100$，$Y_G=0$；$|X_G|>|Y_G|$，故取 G=GY，故计数长度 $J$ 为圆弧在 $Y$ 轴上的投影长度 $J=R=100$；圆弧 $FG$ 的起点 $F$ 处于第二象限，且为逆时针圆弧，所以加工指令 $Z$ 取 NR2，因此圆弧 $FG$ 的加工程序为：

B0 B100 B100 GY NR2

⑧ 加工直线段 $GH$，坐标原点为 $G$ 点，终点 $H$ 相对于 $G$ 点的坐标值为 $X_H=0$，$Y_H=-39800$；由于线段终点 $H$ 的坐标值 $|X_H|<|Y_H|$ 并在 $Y$ 轴的负半轴上，故取 G=GY，$J=|Y_H|=39800$；线段 $GH$ 处于第四象限，所以加工指令 $Z$ 取 L4，因此线段 $GH$ 的加工程序为：

B0 B39800 B39800 GY L4

⑨ 加工圆弧 $HA$，坐标原点为圆弧圆心，起点 $H$ 相对于圆心的坐标值为 $X_H=-100$，$Y_H=0$；由于终点 $A$ 的坐标值为 $X_A=0$，$Y_A=-100$；$|X_A|<|Y_A|$，故取 G=GX，故计数长度 $J$ 为圆弧在 $X$ 轴上的投影长度 $J=R=100$；圆弧 $HA$ 的起点 $H$ 处于第三象限，且为逆时针圆弧，所以加工指令 $Z$ 取 NR3，因此圆弧 $HA$ 的加工程序为：

B100 B0 B100 GX NR3

⑩ 加工直线段 $AO$，坐标原点为 $A$ 点，终点 $O$ 相对于 $A$ 点的坐标值为 $X_O=4900$，$Y_O=5000$；由于线段终点 $O$ 的坐标值 $|X_O|<|Y_O|$，故取 G=GY，$J=|Y_O|=5000$；线段 $AO$ 处于第一象限，所以加工指令 $Z$ 取 L1，因此线段 $AO$ 的加工程序为：

B4900 B5000 B5000 GY L1

完整的加工程序：

N01 B4900 B5000 B5000 GY L3

N02 B39800 B0 B39800 GX L1

N03 B0 B100 B100 GY NR4

N04　B0 B19800 B19800　GY　L2

N05　B100 B0 B100　GX　NR1

N06　B39800 B0 B39800　GX　L3

N07　B0 B100 B100　GY　NR2

N08　B0 B39800 B39800　GY　L4

N09　B100 B0 B100　GX　NR3

N10　B4900 B5000 B5000　GY　L1

N11　DD

在完成加工程序的编写之后，将其输入到线切割机床中再将控制装置寄存器里的补偿值设置为0.1mm，然后运行程序就可以得到正确的加工程序了。从这个实例中我们可以看出，在加工凹模时，考虑其过渡的圆角同时建立合适的补偿值是非常有必要的，在以后的编程过程中必须考虑这一系列的问题，只有这样才能得到完整的加工程序，为后续的学习打下基础。

## 3.6 3B 程序手动输入及加工过程的操作步骤

首先了解一下操作界面，如图 3-30 所示，图中主要包括文件的调入、格式转换、模拟切割等功能，在后面我们将一一介绍这些功能，这一节主要介绍 3B 格式程序的输入保存、格式转换以及模拟切割。

图 3-30　HL 系统线切割机床的操作系统

### 3.6.1 3B 程序的输入与保存及文件的调入

在手动编程的过程中，需要将编好的程序输入到机床当中，具体步骤如下。

① 按键盘上的上下按钮，调整红色光标，使其选中“[3B] 输入”，如图 3-31 所示，然后单击“回车”按钮。

图 3-31　选中“[3B] 输入”

然后弹出图 3-32 所示的界面，输入 3B 程序，在输入的过程中要注意格式要求，不输入空格键，输入“B5000B25000B20000GYNR2”，每一行结束采用“回车”键进入下一行，程序的结尾输入“DD”。

② 程序输入完成之后，按“Esc”键，这时返回到了主界面，然后使光标移动到“文件调入”上，单击“回车”按钮，弹出图 3-33 所示的窗口。

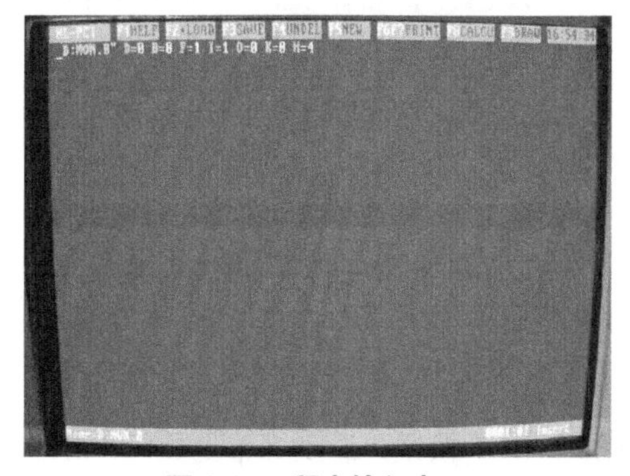

图 3-32　程序输入窗口

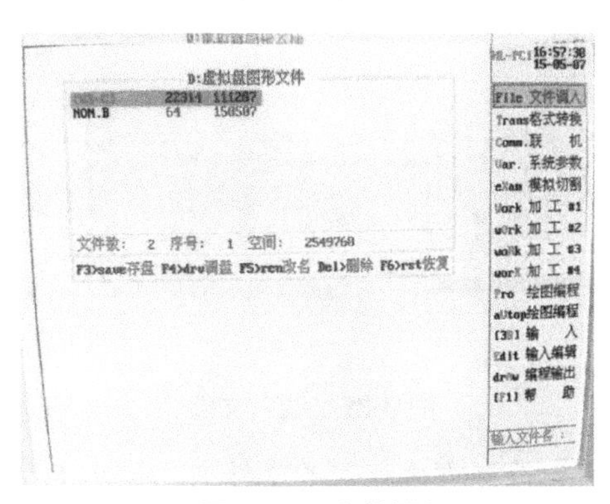


图 3-33　文件调入

从这个窗口中我们可以看到刚才输入的 3B 程序文件名称为“MON.B”，调整光标选中它，单击“回车”按钮，就可以查看刚才输入的程序，如图 3-34 所示；由于刚才输入的程序存储在计算机的 RAM 中，如果计算机重启会清除这些程序，所以需要把输入的程序更名之后存储到计算机的 ROM 空间中去；从图中可以看出“F3”为存盘，“F4”为调盘，“F5”为改名，“Del”为删除，“F6”为恢复。

③ 按快捷键“F3”弹出图 3-35 所示的窗口，可以将文件存储到磁盘、图库、USB 盘、虚拟盘；我们前面输入的程序就存在“D：虚拟盘”中，通常情况下将文件存到图库中，选中图库单击“回车”键，屏幕显示“OK”并听到“嘀嘀”的一声，说明已经存储到图库中去了。

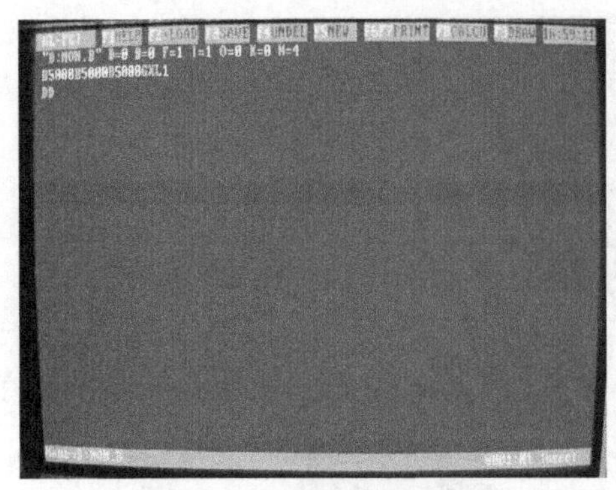


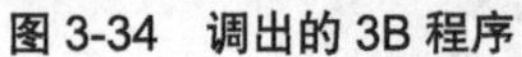
图 3-34　调出的 3B 程序

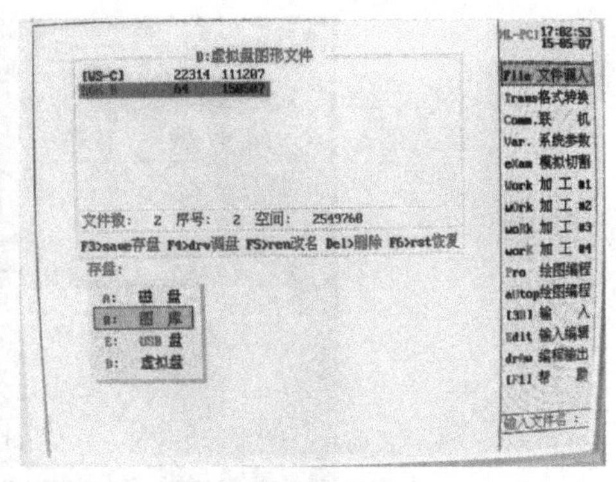

图 3-35　文件存盘

④ 按快捷键“F4”弹出图 3-36 所示的窗口，可以将文件从磁盘、图库、USB 盘、虚拟盘等盘中调入到“D：虚拟盘”中。因为在加工过程中，文件必须保存在虚拟盘中才能被电脑识别运行，选中图库，单击“回车”键，弹出图 3-37 所示的窗口。

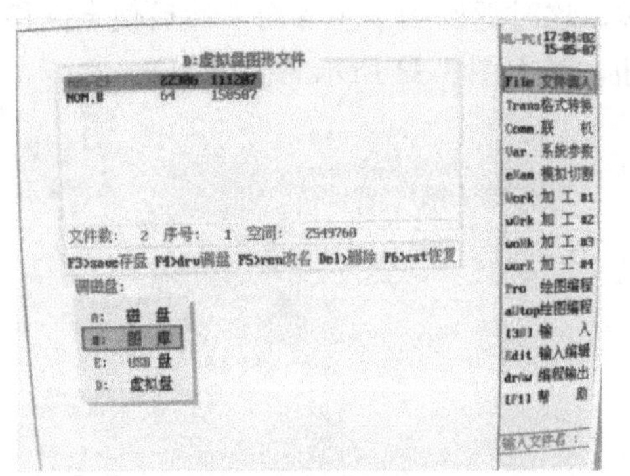

图 3-36　调入文件

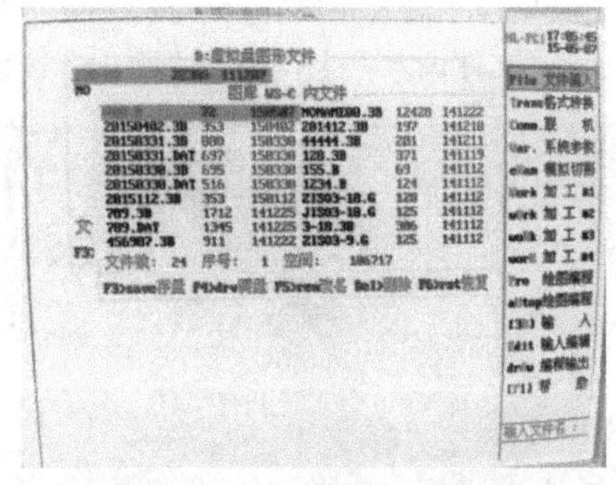

图 3-37　显示需要调入的文件

选择刚才存入的文件名“MON.B”单击“回车”按钮，看到屏幕上显示“OK”，听到“嘀嘀”的一声说明文件已经从图库中调入到“D：虚拟盘”中。单击“Esc”返回到主界面，再点击“文件调入”查看虚拟盘中是否有“MON.B”文件；这样文件就被调入到虚拟盘中了，在加工过程中电脑只识别虚拟盘中的文件。

## 3.6.2 文件格式转换

采用手动输入编程有时候工作量是相当大的，因此可以采用一些自动编程软件，如 CAXA 线切割编程直接生成 3B 程序，但是有的软件生成的程序只有“.G”为后缀的文件，所以在机床中需要将其进行格式转换。HL 系统中支持 3 种格式转换，分别为：[DXF] → [DAT]、[G] → [b]、[B] → [g]。这样经过转换之后就方便了加工程序之间的交流，对于编程人员是一件相当大的好事！

下面我们来一一介绍：

① 首先熟悉一下文件转换界面，见图 3-38。

图 3-38　格式转换操作界面

通过移动上、下键选中“Trans 格式转换”单击“回车”弹出如图 3-39 所示窗口，从中可以看到三种格式的转换。

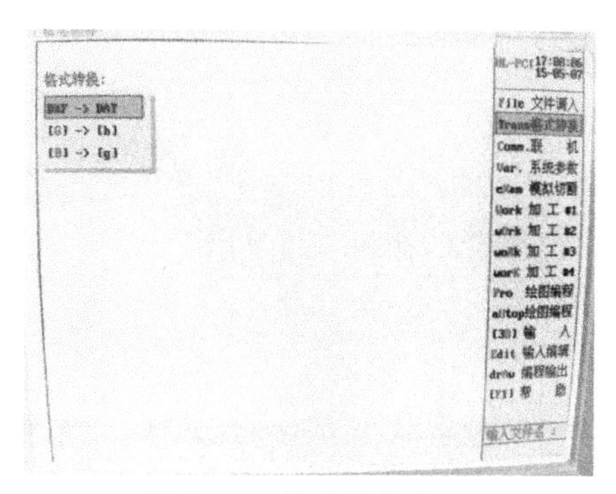

图 3-39　格式转换窗口

② 格式 [B] → [g] 的转换过程，首先选中“[B] → [g]”按钮如图 3-40 所示，单击“回车”键会弹出图 3-41 所示的文件，选择需要格式转换的 3B 文件“MON.

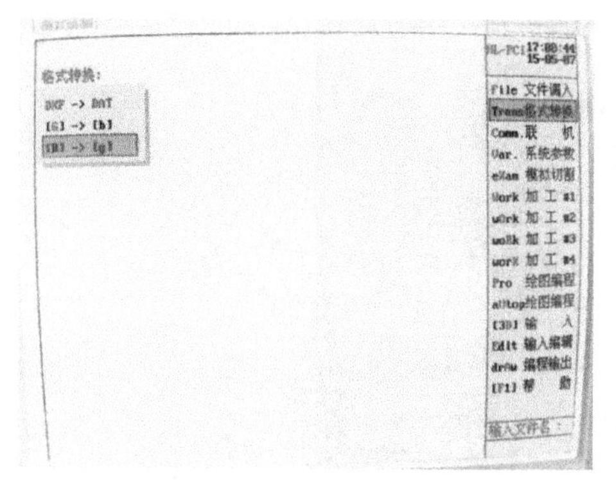

图 3-40　格式转化按钮

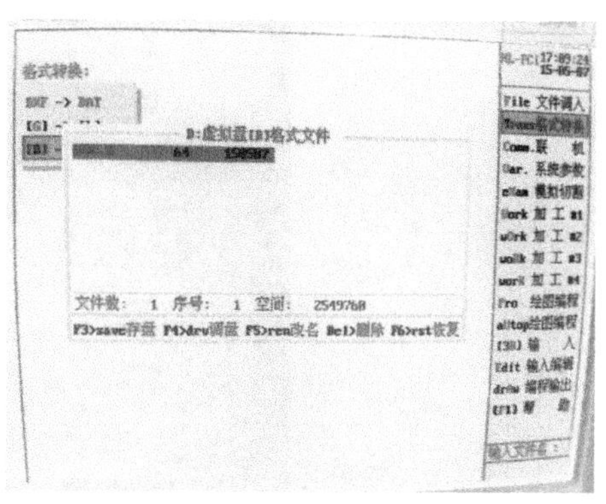

图 3-41　文件选择

B”，这样选中的这个 3B 文件就可以转换格式了。之后再点击“回车”键，弹出图 3-42 所示的坐标系的选择，其中有“相对”和“绝对”两种坐标系可以选择，选择相对坐标系之后，点击“回车”键，弹出图 3-43 所示的窗口，选择“公制 Metric μm ”再单击“回车”按钮，弹出图 3-44 所示的转换后的 G 代码。

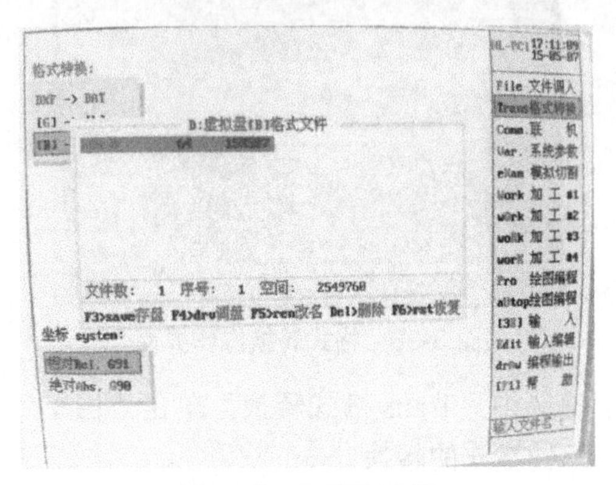


图 3-42 坐标系选择

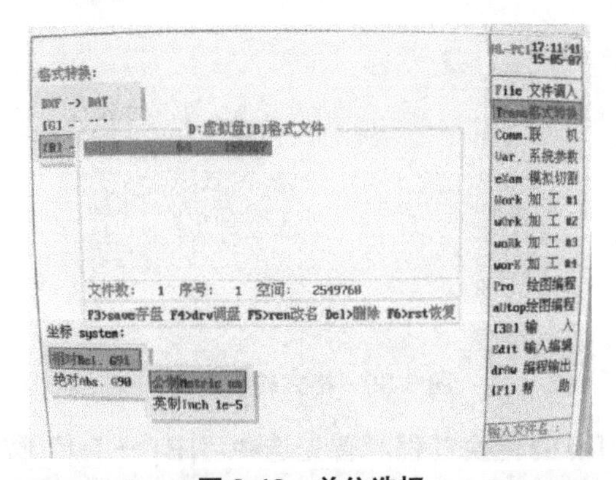


图 3-43 单位选择

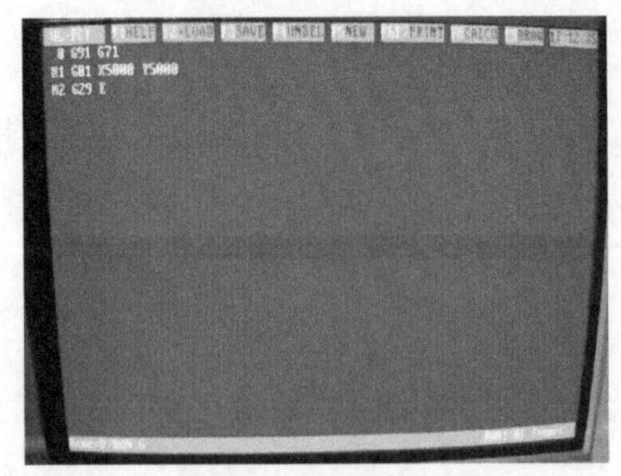

图 3-44 转换后的相对坐标系下的 G 代码

选择绝对坐标系转换时，如图 3-45 所示，然后选择公制再单击“回车”弹出图 3-46 所示的转换后的程序。

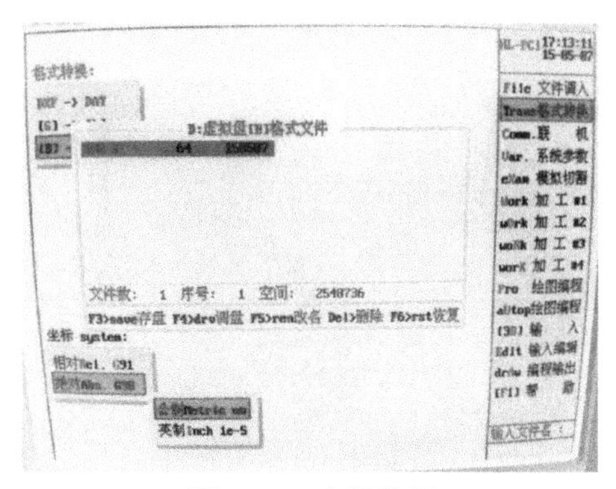


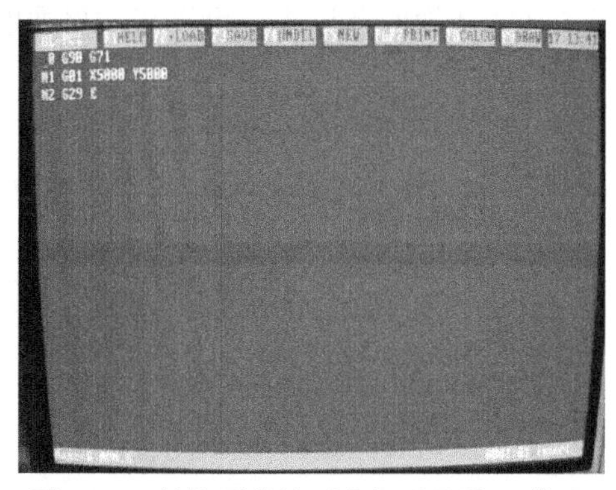


图 3-45 坐标选择　　图 3-46 转换后的绝对坐标系下的 G 代码

③ 格式 [G] → [b] 转换过程，首先选择“[G] → [b]”按钮如图 3-47 所示，然再单击“回车”弹出图 3-48 所示的文件选择，选择需要转换格式的文件；在选择完文件后单击“回车”得到图 3-49 所示的选择坐标系，然后选择绝对坐标系，

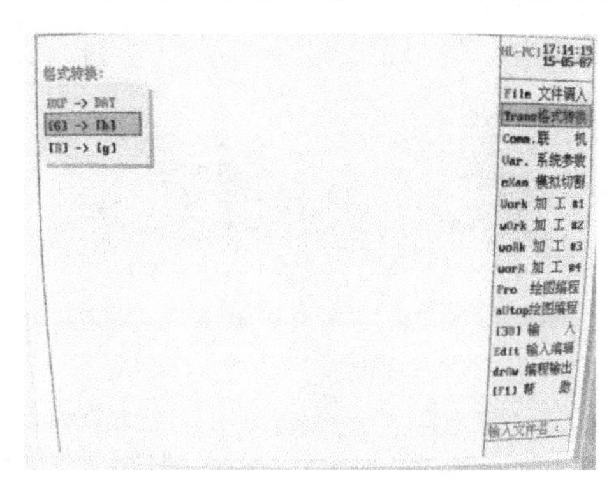


图 3-47 格式选择

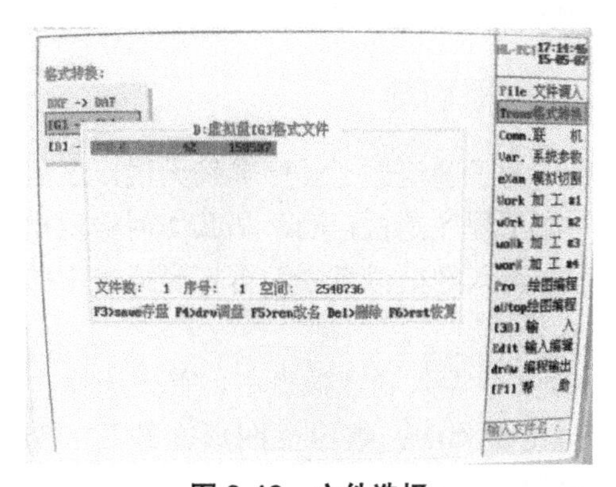


图 3-48 文件选择

再单击“回车”按钮得到图 3-50 所示的单位转换窗口，单位转换为 1000 ：1μm，最后单击“回车”键转换成功，窗口跳到图 3-51 所示的界面，再按 Esc 键就完成了格式转换的全过程，可以在主界面的“文件调入”中查看。

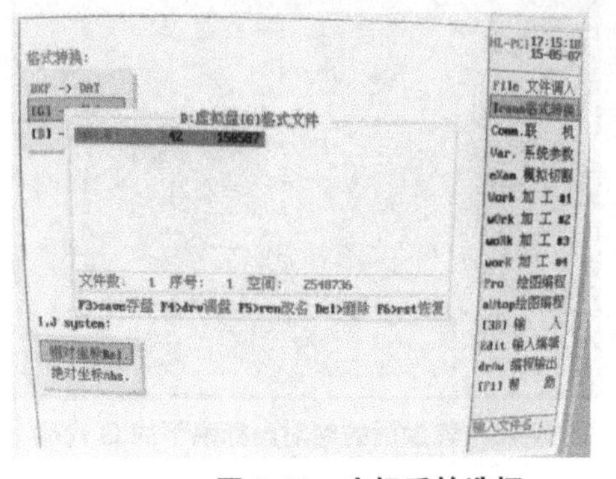

图 3-49 坐标系的选择　　图 3-50 单位转换窗口

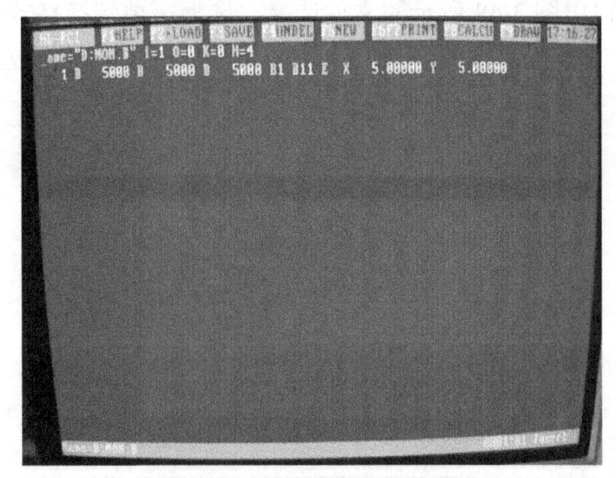

图 3-51 转化后的 3B 程序

④ 格式 [DXF] → [DAT] 的转换（略）。

## 3.6.3 程序的调入与模拟切割

在编好加工程序后，为了确定加工程序准确无误，还需要将程序调出然后进行模拟切割，查看零件加工程序是否正确，那么如何实现模拟切割功能呢？下面我们介绍从图库中将程序调入到虚拟盘中，再将虚拟盘中的程序导入到模拟加工系统中。

将图库中存好的 3B 文件调入到虚拟盘中，首先选择“文件调入”如图 3-52 所示，单击“回车”键出现“D：虚拟盘图形文件”，单击“F4”调盘，弹出图 3-53 所示的窗口，将图库中的全部文件都显示出来，任意选择图库中的 3B 文件“789.3B”单击“回车”键，将会在窗口内显示这个文件的全部内容，如图 3-54 所示。

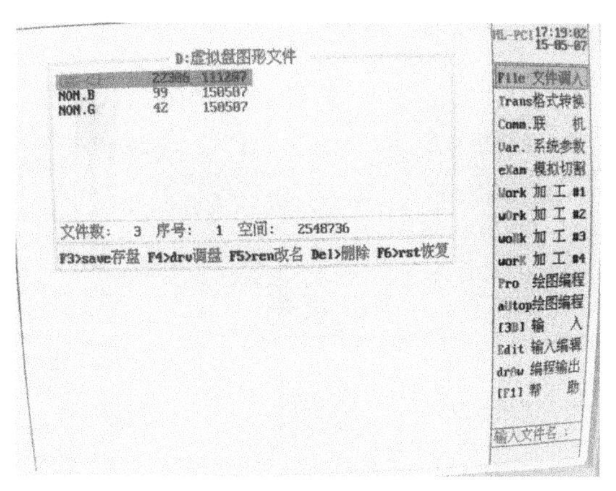


图 3-52 文件调入

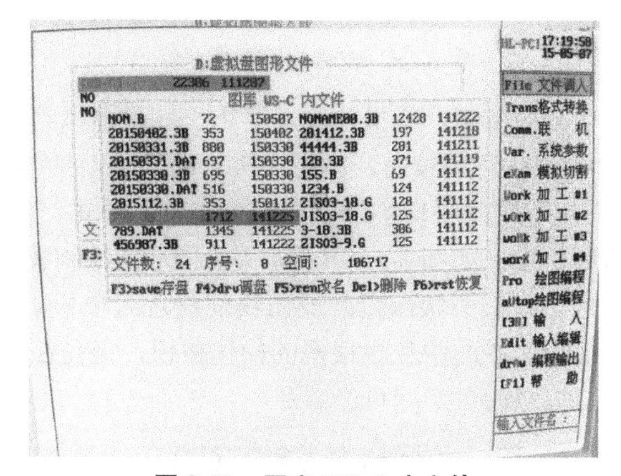


图 3-53 图库 WS-C 内文件

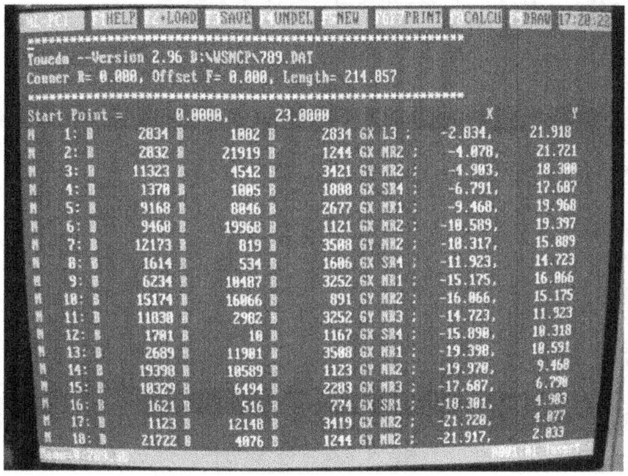

图 3-54 文件包含的程序

再单击“Esc”键，返回到主界面上去，再选中文件调入按钮，单击“回车”在虚拟盘中查看是否存在“789.3B”这个文件，如图3-55所示；从图中可以看到被调入到虚拟盘中的“789.3B”程序。

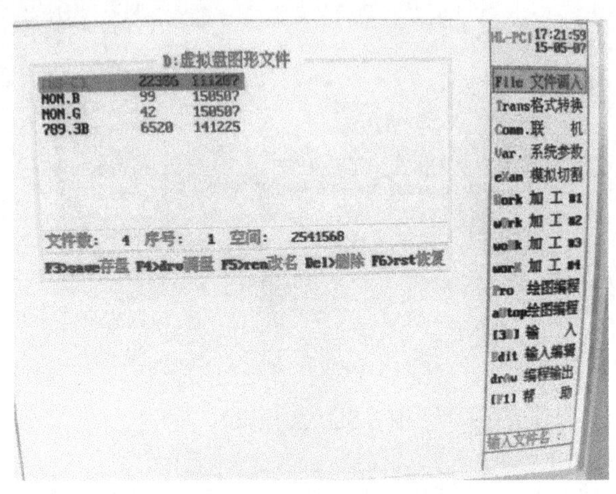


图3-55 查看虚拟盘中文件

最后进行模拟切割的演示，模拟切割顾名思义就是虚拟的加工过程，首先我们要在主界面中选中模拟切割按钮，如图3-56所示，然后单击“回车”键弹出图3-57所示的窗口，选择需要切割的文件“789.3B”单击“回车”键，就可以得到需要加工的图形轨迹，如图3-58所示。关于图形的绘制我们在第4章绘图编程中将会讲到，在这里我们不做探究。现在我们就进入模拟切割的加工界面了，从图中可以看出模拟加工界面中包含很多的操作按钮，但是在模拟切割的过程中我们只需要了解个别按钮的含义即可。

图3-56 主界面

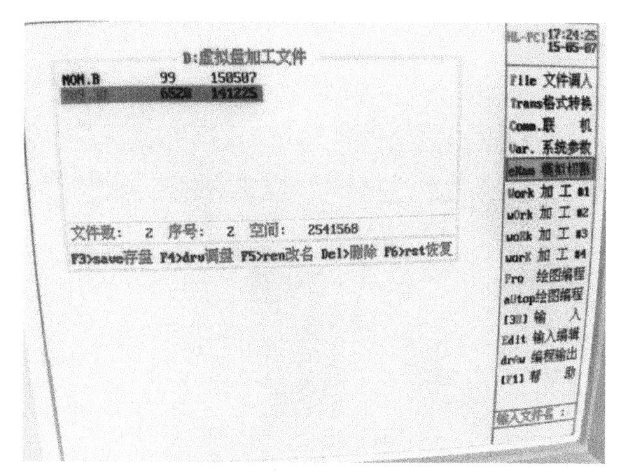


图 3-57 选择模拟切割程序

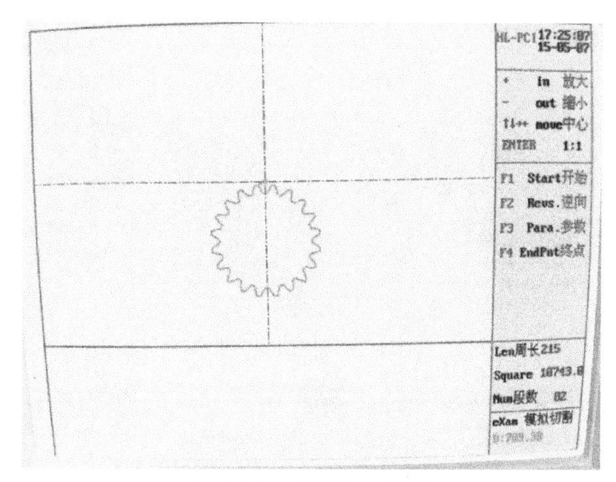


图 3-58 模拟加工界面

下面我们介绍一些常用的控制按钮，“+”起到放大图形的作用，“−”是将图形缩小；“↑↓←→”按钮主要是用来移动图形的所在位置；“F1”是开始模拟加工的控制键，单击“F1”键，开始按钮被选中再单击“回车”按钮就开始了模拟切割的过程，如图 3-59 所示。单击空格模拟加工会暂停，弹出图 3-60 所示的小窗口，提示“继续、停止、回退”，这是为了在加工过程中停车查看。但是一般情况下不要使用该功能，因为在现实加工的过程中，如果中途停车不但会影响精度还会导致断丝（断丝是线切割机床的致命缺陷），除非加工丝从工件中出来，为了防止程序中断，可以采用“空格”暂停。当单击了“空格”之后如果想继续加工，只要单击继续就可以了，程序执行完成之后会自动停止，这样模拟切割的全过程就完成了。

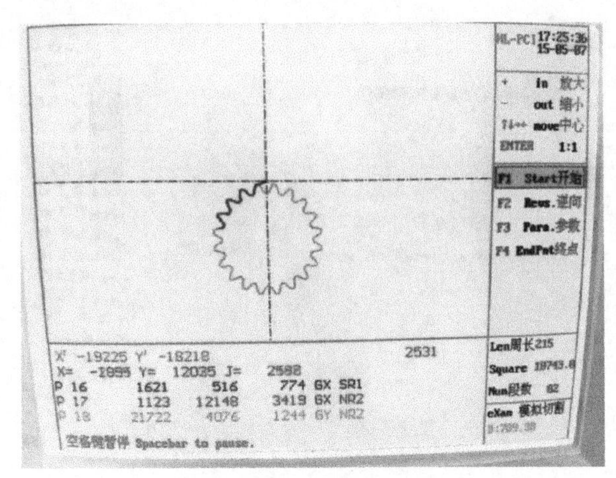


图 3-59　开始模拟切割

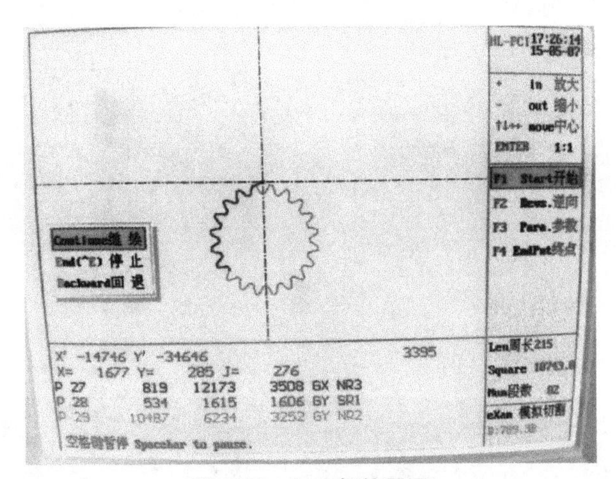


图 3-60　加工暂停界面

# 基于 HL 系统的绘图编程及应用

在上一章我们介绍了手动编程的基本方法与编程格式，对于 3B 编程有了一定了解，其核心思想是计算各直线或者圆弧的坐标点，建立相对坐标系，编写每一条直线的加工程序，在使用手动编程的过程中我们深刻地感受到，对于一些简单零件的编程是相对容易的，但是针对一些结构复杂的图形时计算每个点的工作量是相当大的，甚至对于一些复杂零件手动编程是无法实现的，针对这一情形各大公司开始研发了一系列的绘图编程软件。本章主要讲解 HL 线切割控制编程系统下的绘图软件，关于绘图编程通常情况下是由绘图软件先将其二维视图绘制完成，然后绘图软件会输出一个后缀名为“.DAT”的文件，最后再将 DAT 格式的文件转换为 3B 程序。这样大大降低了编程的难度，同时也可以通过绘图编程加工一些形状特别复杂的零件，只要能将图形绘制在软件当中就能够加工出这个零件，大大减轻了编程人员的工作量，这一章我们就绘图编程做一一介绍。

## 4.1 HL 线切割绘图控制编程系统用户界面

图 4-1 是 HL 线切割控制系统的 HL-PCI 主界面。

将光标移动到“Pro 绘图编程”单击“回车”键，显示图 4-2 所示的 4 个窗口区：主菜单区、固定菜单区、图形显示区、会话区。

① 主菜单区　主要选择一些主要的操作命令，如当选择了点的绘制，主菜单区就会变成关于点的绘制相关命令，当选择直线时，主菜单区就变成关于直线绘制的一些相关命令；以此类推，所以说“主菜单区”也被称作“可变菜单区”。

② 固定菜单区　该区域包含所有的绘图命令，它是所有绘图命令的始发站，只要固定菜单中的命令一执行，可变菜单中的命令实时跟进，完成绘图过程。

图 4-1　HL 线切割控制系统的 HL-PCI 主界面

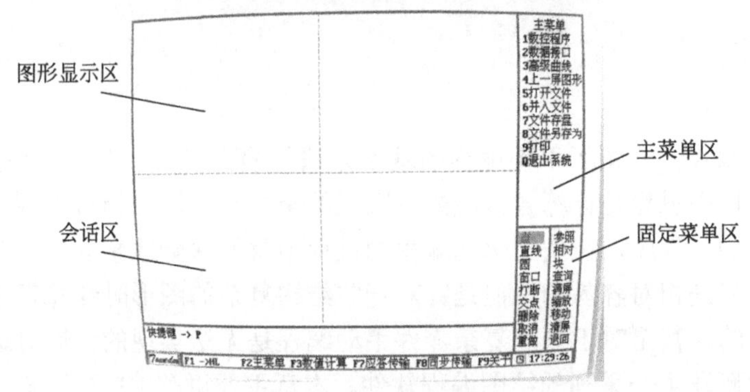


图 4-2　绘图操作界面

③ 图形显示区　该区域顾名思义主要是用来显示绘制好的图片，当主菜单区选中要绘制的命令，输入一系列的参数之后，就会在图形显示窗口将绘制好的图形显示出来。

④ 会话区　该区域主要是用来输入绘图所需的一些参数的，当选择主菜单里的命令按钮之后就会提示你在会话区输入所提示的一些参数，输入完参数后单击“回车”键就会执行这句命令。

## 4.2　点的绘制方法

在绘图窗口的固定菜单区选中点，然后单击“回车”键，主菜单中的内容就变成关于点的绘制方法，如图 4-3 所示，关于点的绘制方法共有 12 种，下面我们依次学习一下这 12 个功能。

（1）极 / 坐标点的绘制

① 用直角坐标作点　点击键盘↑↓按钮移动光标，选中“极 / 坐标点”单击“回车”，窗口变为图 4-4 所示的窗口，在会话区提示“点 <X，Y>=”就是提醒输入点的坐标值；分别输入“5，5”，然后单击“回车”键第一点绘制完成，然

后再输入“10，10”单击“回车”键第二个点绘制完成，如图 4-5 所示，在绘图区域就会显示绘制好的两个点。

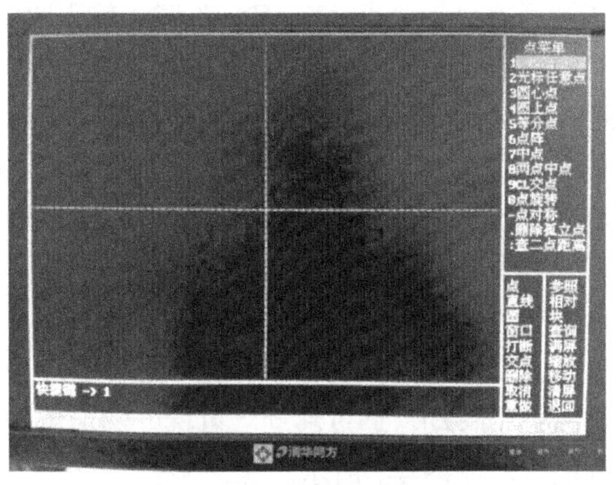


图 4-3　点的绘制方法

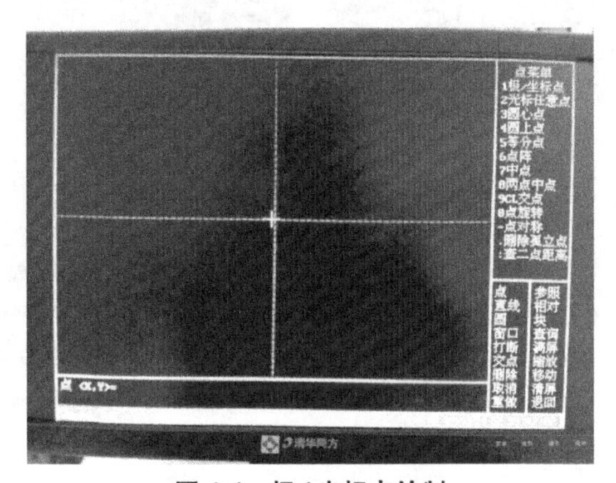


图 4-4　极 / 坐标点绘制

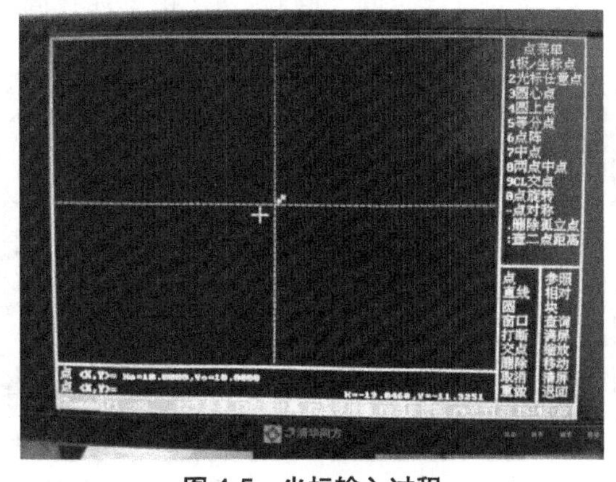


图 4-5　坐标输入过程

② 用极坐标作点　以刚绘制的点（10,10）为极坐标第一点也是第二点的参考点，用“<”表示极坐标的标志，“$\alpha$”表示极角，“$L$”表示极径。用“＋”字光标点击第一点，在会话栏显示“点<X、Y>=”时，输入“50，60”，点击“回车”键，第二点就绘制完成了。

③ 用相对坐标作直角坐标点　用@作为相对坐标的标志，可用“＋”字光标点击作为参考点的某点，用 $X$、$Y$ 表示相对参考点的 $X$ 和 $Y$ 坐标值。以刚绘制的第二点作为参考点，会话区显示“点<X，Y>=”，然后输入“@30，30（回车）”，此时相对坐标点绘制完成。

（2）光标任意点绘制

先选择“光标任意点”按钮，如图4-6所示，然后单击“回车”，“＋”字光标就在图形显示区可以自由移动，通过移动“鼠标”然后单击“鼠标左键”在图形区绘制完成一系列的点，如图4-7所示。

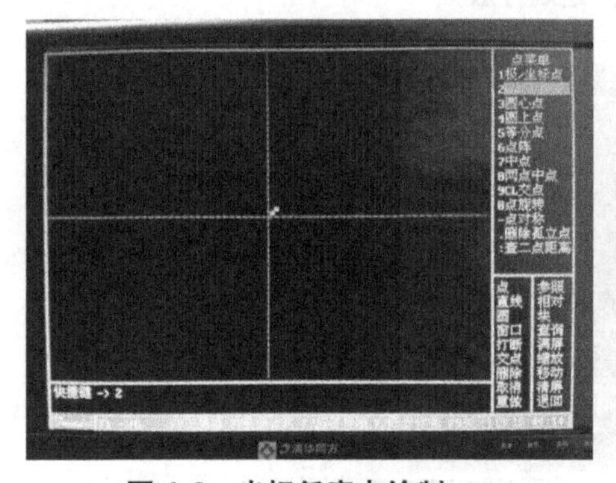


图4-6　光标任意点绘制

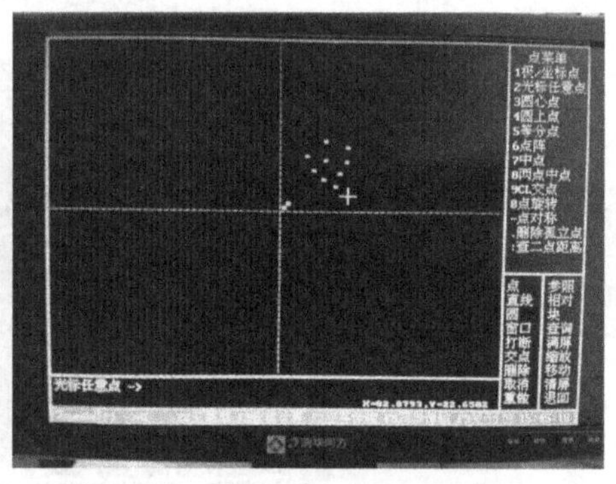


图4-7　任意点绘制

（3）圆心点、圆上点

选择“圆心点”，如图4-8所示，前提是先画一个圆，然后点击“回车”键，窗口如图4-9所示，会话区显示“圆，圆弧 =”，提示选择圆弧或圆。然后移动

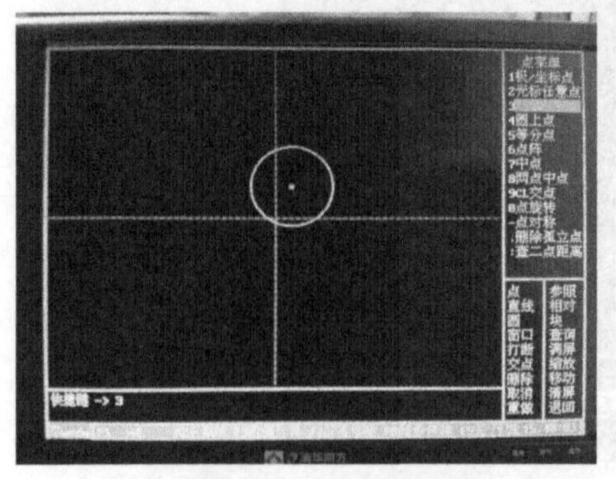


图4-8　圆心点绘制

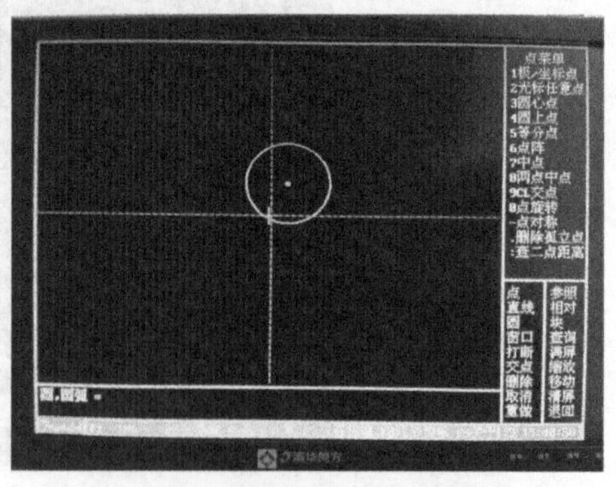


图4-9　选择需要加圆心点的圆

黄色的“＋”字光标，当光标移动到圆上单击鼠标左键，被选中的圆变为红色并单击“回车”键圆心点就绘制完成，如图4-10所示；然后再选择“圆上点”单击“回车”，然后再选择图示圆，会话区显示所选择圆的圆心坐标、半径等并提示“角度 <A>=”，然后输入“18”，如图4-11所示，单击“回车”键系统会自动识别输入的角度为18°，之后就会在图形显示区域显示所绘制的点，如图4-12所示。

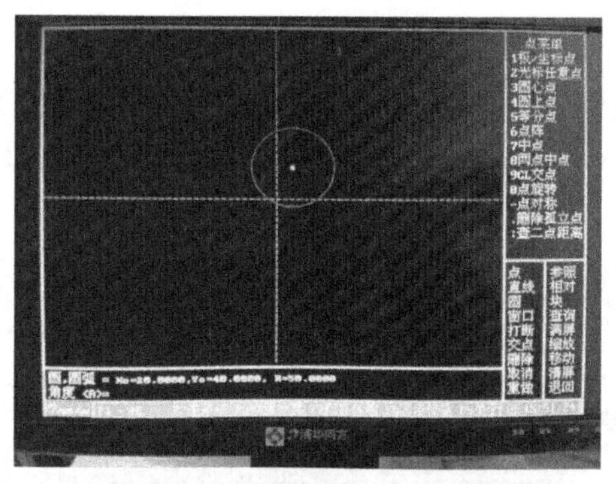


图4-10　选择需要绘制点的圆

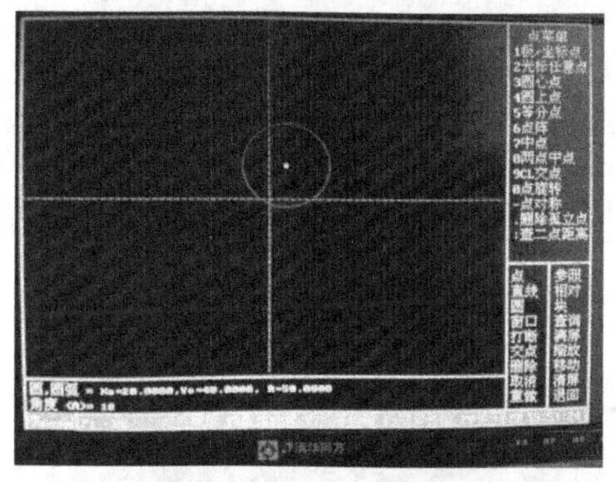


图4-11　输入起始角度

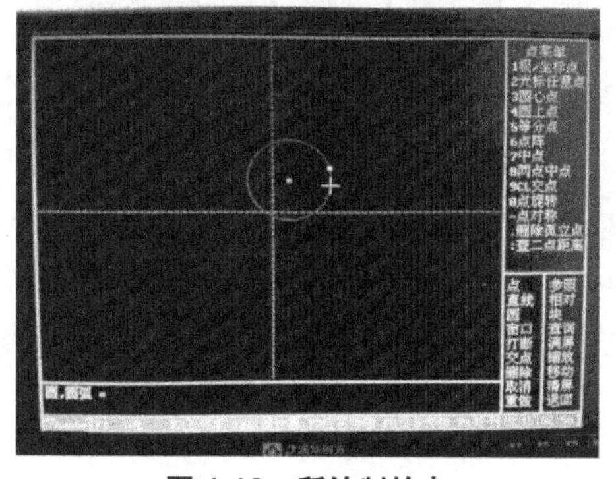


图4-12　所绘制的点

（4）等分点

首先选择“等分点”如图 4-13 所示，然后点击“回车”键，图 4-14 会话区中提示选择“线、圆、弧”，然后移动鼠标会出现图 4-15 所示的“＋”字光标，将其移动到圆的附近点击鼠标“左键”，圆被选中由黄色→红色并且在会话区中显示出所选择圆的所有信息；如图 4-16 所示，这时出现一个新的提示“等分数 <N>=”即输入要等分的份数，输入“12”如图 4-17 所示，单击“回车”键。如图 4-18 所示，这时在会话区又提示“起始角度 <A>=”，也就是提示输入等分点的起始角度，然后输入“10”单击“回车”按键，这时 12 个等分点全部绘制完成，如图 4-19 所示；同理绘制直线、圆弧的等分点与之类似（略）。

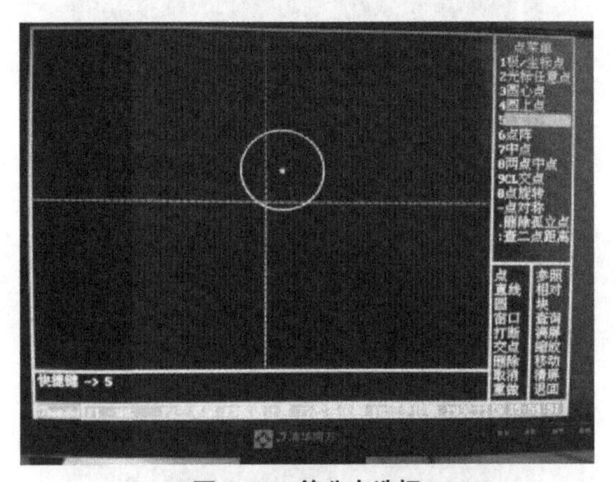


图 4-13　等分点选择

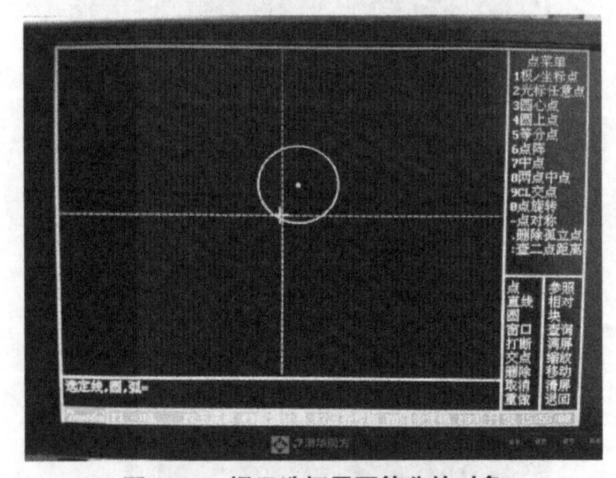


图 4-14　提示选择需要等分的对象

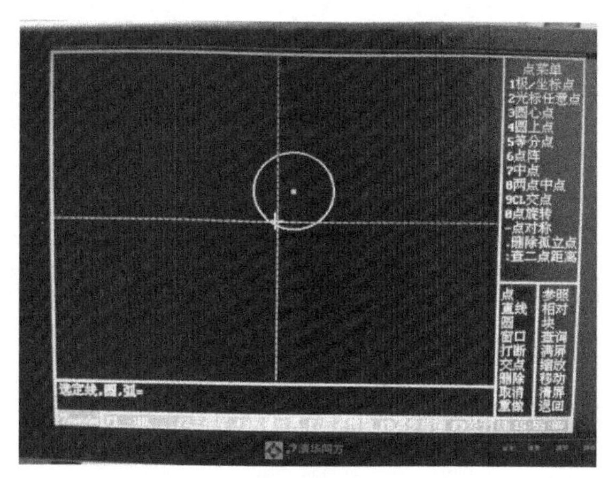


图 4-15　移动鼠标光标出现

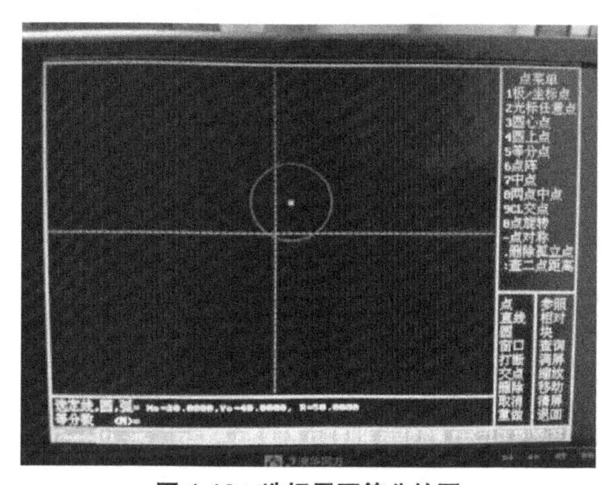


图 4-16　选择需要等分的圆

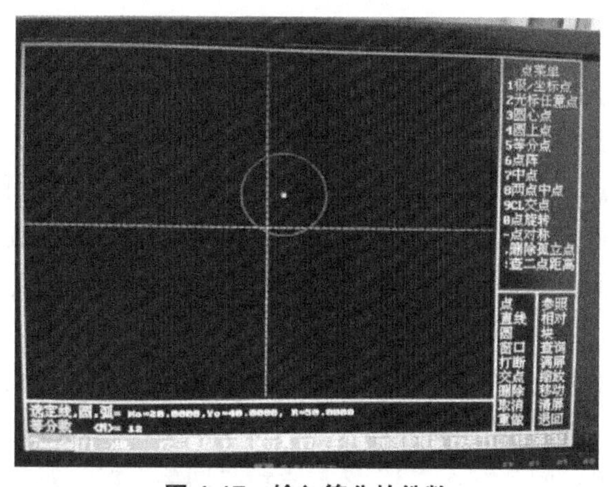


图 4-17　输入等分的份数

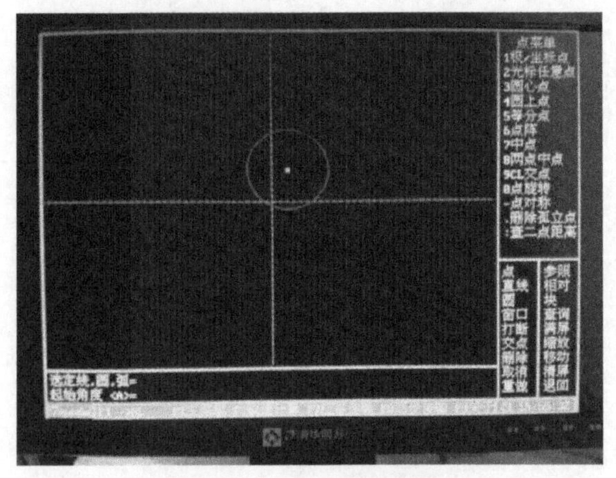


图 4-18　输入起始角度

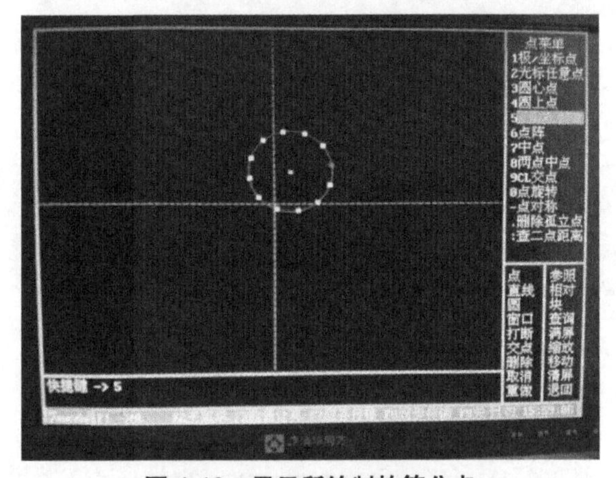


图 4-19　显示所绘制的等分点

（5）点阵

关于点阵，在绘制一些图形时可以先把一些重要的点绘制出来然后再绘制完整图形这会给绘图带来很大的方便，下面我们就来学习一下关于点阵的绘制：首先，选择点阵如图 4-20 所示，然后单击“回车”键如图 4-21 所示，会话区提示“点阵基点 <X，Y>=”，输入“0,0”点击“回车”键如图 4-22 所示，会话区提示“点阵距离 <Dx，Dy>=”也就是提示我们输入点阵 *X* 方向的间距和 *Y* 方向的间距，并且以坐标的形式输入“20，20”，单击“回车”键会话区为如图 4-23 所示，提示“X 轴数 <Nx>=”就是确定 *X* 轴方向的列数，输入“3”点击“回车”键，窗口如图 4-24 所示，会话区提示“Y 轴数 <Ny>=”就是确定 *Y* 轴方向的行数，同样输入“3”然后点击“回车”键，如图 4-25 所示，点阵绘制完成。

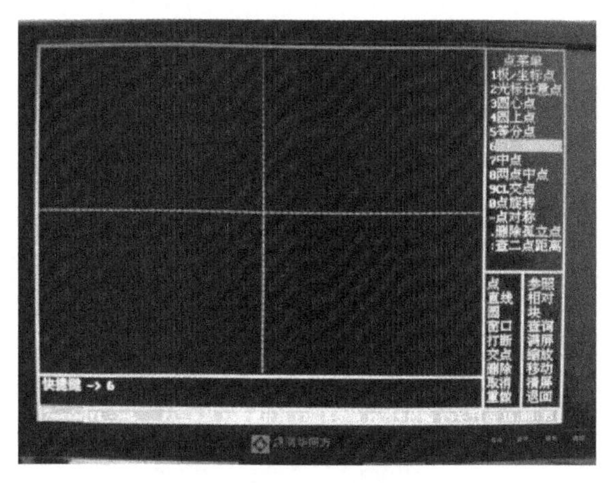


图 4-20　点阵的绘制

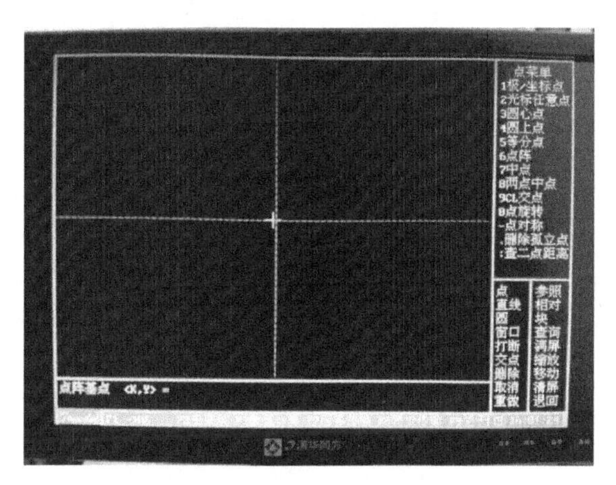


图 4-21　输入点阵基点

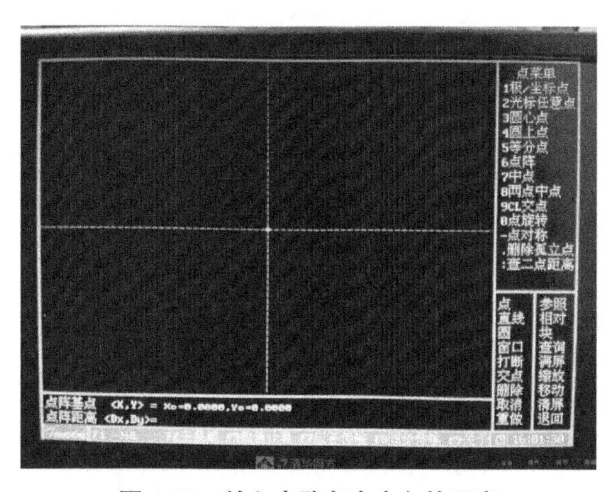


图 4-22　输入点阵各个方向的距离

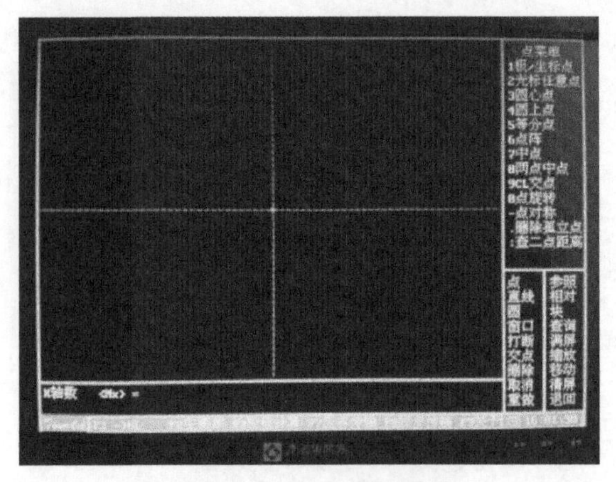


图 4-23　输入点阵列数

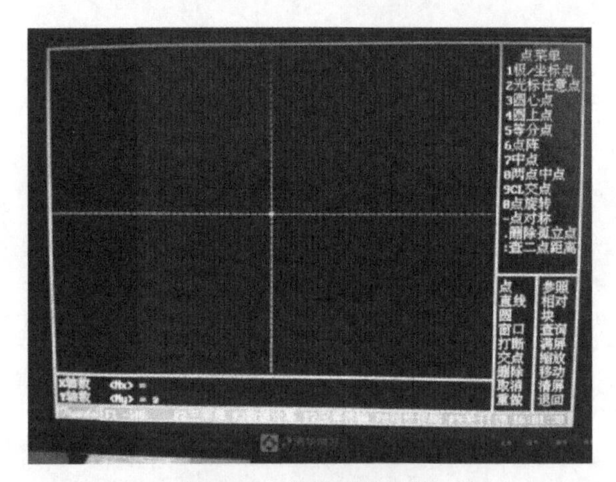


图 4-24　输入点阵行数

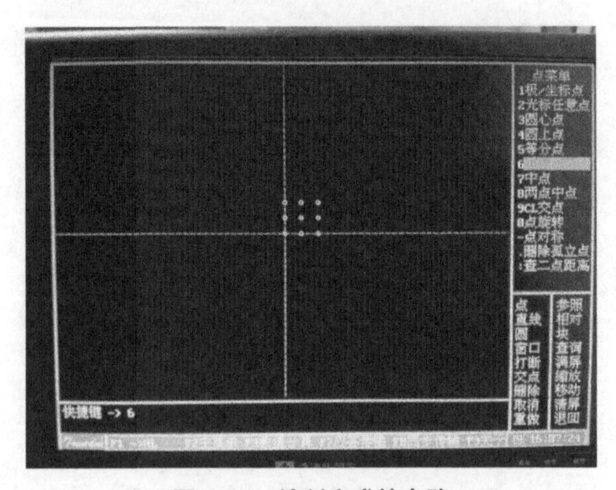


图 4-25　绘制完成的点阵

（6）中点

先利用“直线”的绘制方法绘制出端点为（0,0）和（80,50）的一条直线，如图 4-26 所示。选中“中点”并单击“回车”，窗口如图 4-27 所示，会话区提示“选定直线，圆弧 =”，此时就可以单击鼠标选中已绘制好的直线，窗口如图 4-28 所示，在绘图区域就会显示出所选直线的中点。

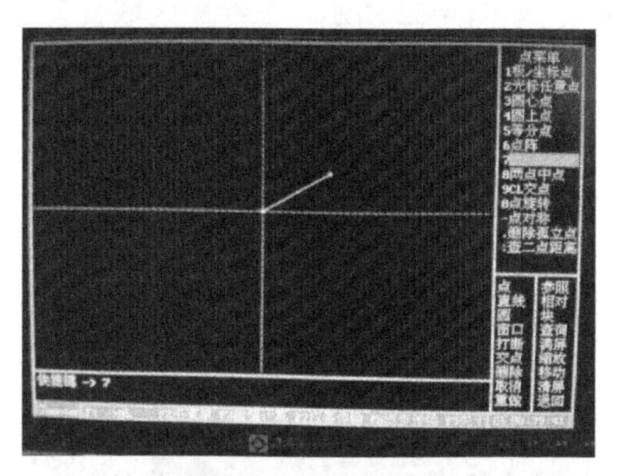


图 4-26　直线的绘制

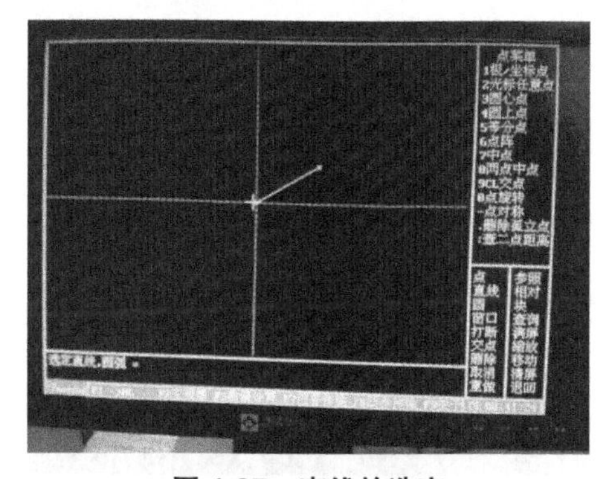


图 4-27　直线的选定

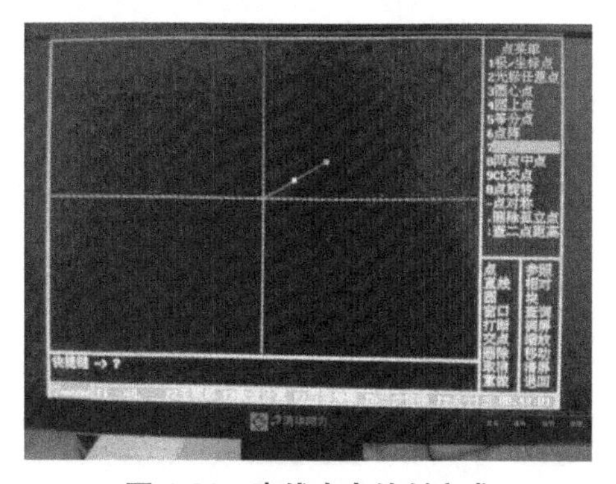


图 4-28　直线中点绘制完成

（7）两点中点

先利用“点”的绘制方法绘制出坐标为（−30，−20）和（60，80）的两个点，如图 4-29 所示。选中“两点中点”并单击“回车”，窗口如图 4-30 所示，会话区提示“选定点一 <X，Y>=”，此时就可以利用鼠标选择刚刚绘制好的一个点，单击鼠标后窗口如图 4-31 所示，会话区提示“选定点二 <X，Y>=”，同样利用鼠标单击另一个绘好的点，如图 4-32 所示，在绘图区域就会显示出两个点的中点。

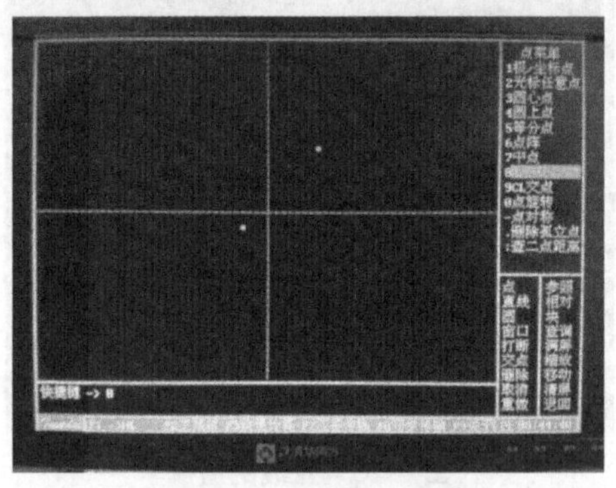


图 4-29　点的绘制完成

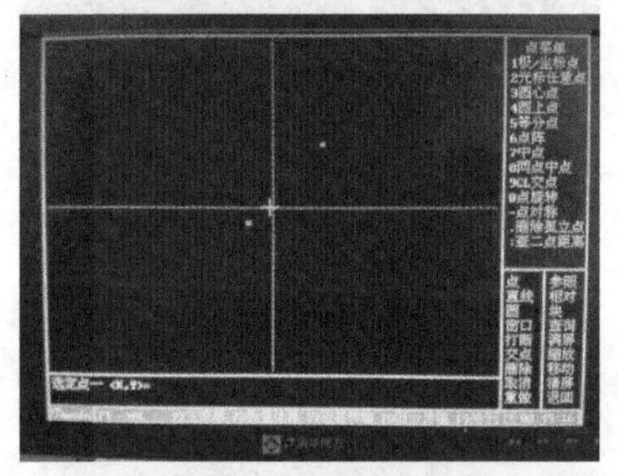


图 4-30　选定点一

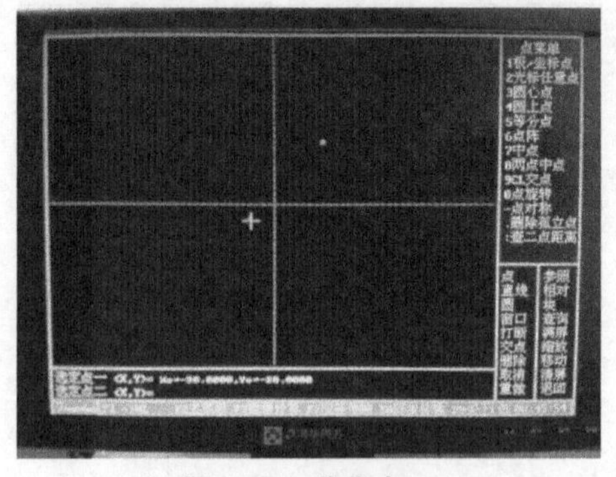


图 4-31　选定点二

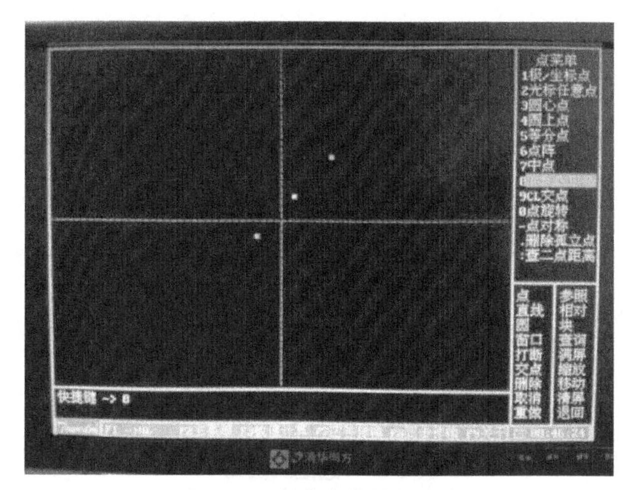


图 4-32　两点中点绘制完成

（8）CL 交点

先利用“两点直线”的绘图方法绘制出端点为（−20，−10）和（80，70）与端点为（−100，−60）和（80，−40）的两条直线，如图 4-33 所示。选中“CL 交点”并单击“回车”，窗口如图 4-34 所示，会话区提示“选定线圆弧一”，单击鼠标选择端点为（−20，−10）和（80，70）的直线，窗口如图 4-35 所示，在会话区提示“选定线圆弧二”，同样单击鼠标选择端点为（−100，−60）和（80，−40）的直线，如图 4-36 所示，在绘图区域就会显示出这两条直线的交点。

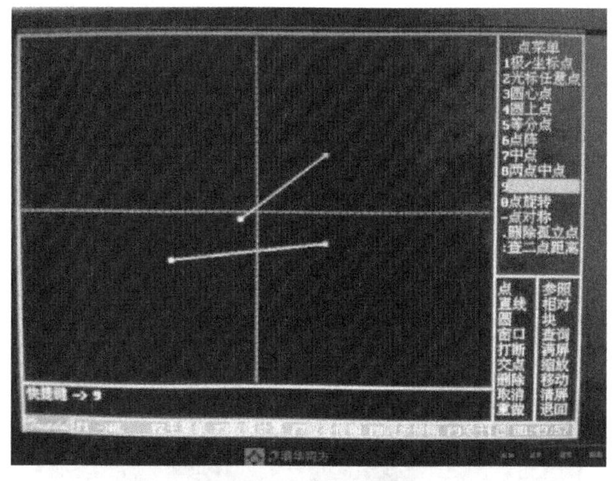


图 4-33　直线的绘制

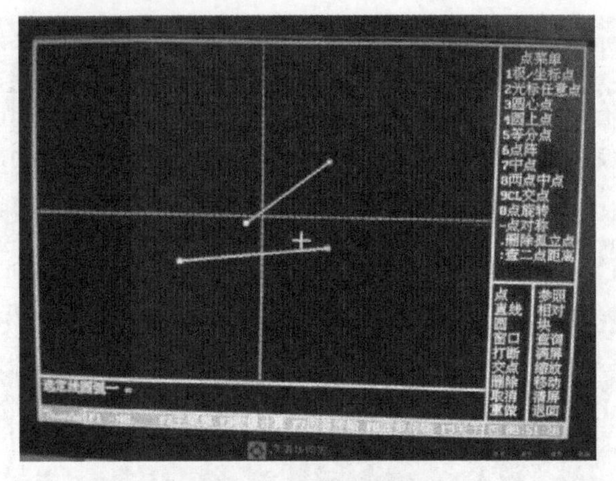


图 4-34 选定线圆弧一

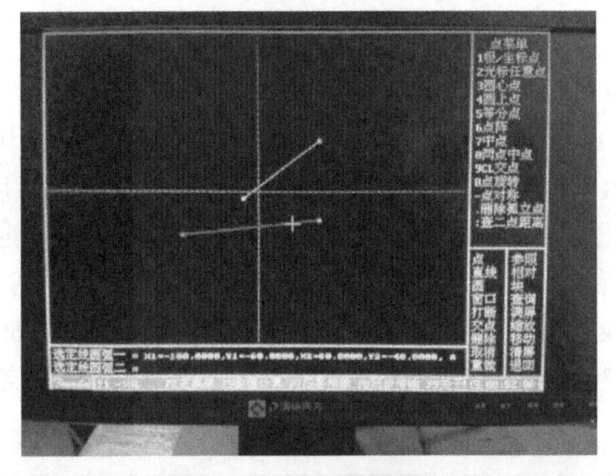

图 4-35 选定线圆弧二

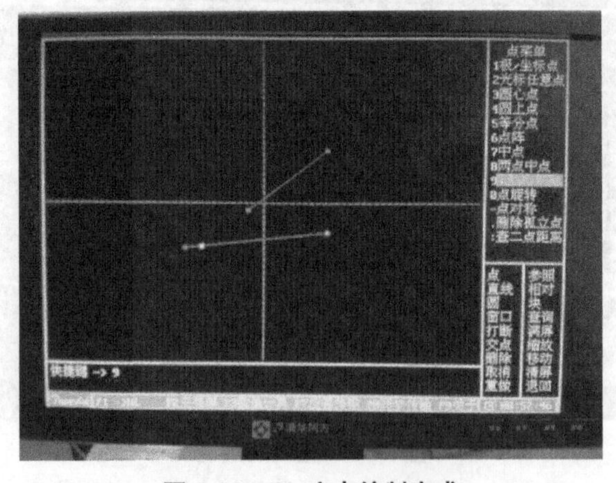

图 4-36 CL 交点绘制完成

（9）点旋转

先利用“两点直线”的绘图方法绘制出端点为（−80，60）和（90，−20）的直线，如图 4-37 所示。选中“点旋转”并单击“回车”，窗口如图 4-38 所示，会话区提示“选定点 <X，Y>=”，如图 4-39 所示，输入“−30，−20”，单击“回车”窗口如图 4-40 所示，在会话区提示“中心点 <X，Y>=”，这你选择绕哪个点旋转的，单击鼠标选择端点为（90，−20）的点，此时窗口如图 4-41 所示，会话区提示“旋转角度 <A>=”，输入“120”，单击“回车”窗口如图 4-42 所示，在会话区提示“旋转次数 <N>=”，输入“3”，单击回车，如图 4-43 所示，在绘图区域就会显示出旋转好的点的图形。

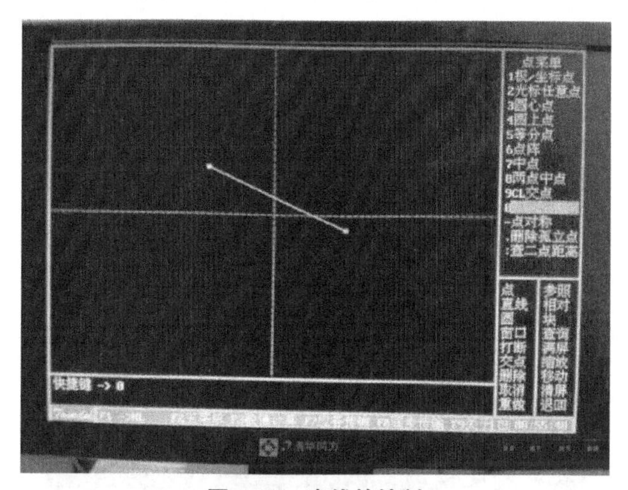


图 4-37 直线的绘制

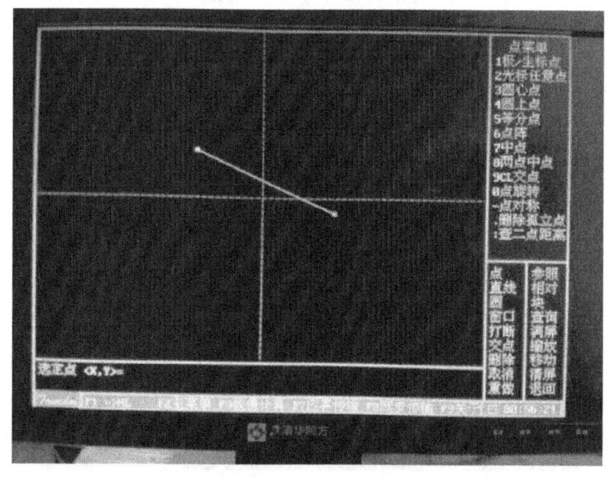


图 4-38 选定点

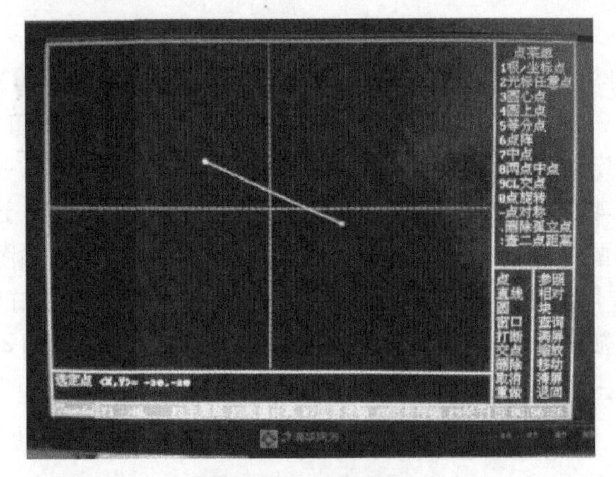


图 4-39　点的输入

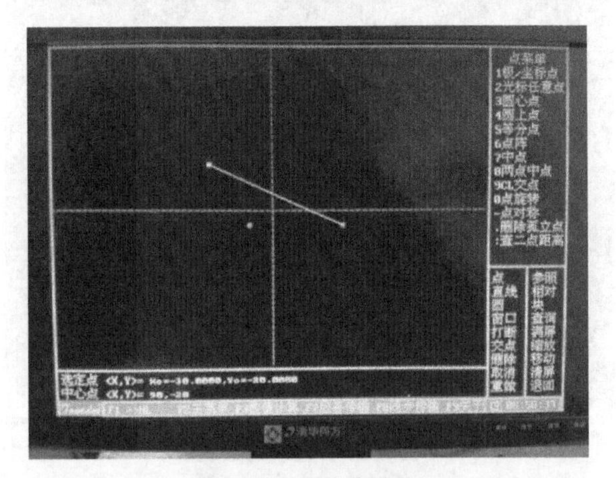


图 4-40　中心点确定

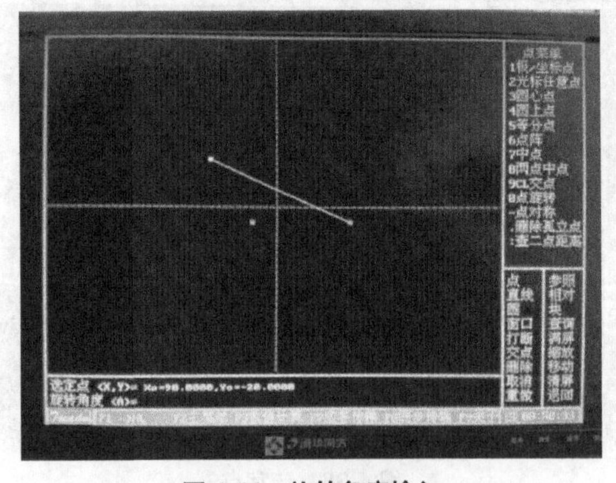


图 4-41　旋转角度输入

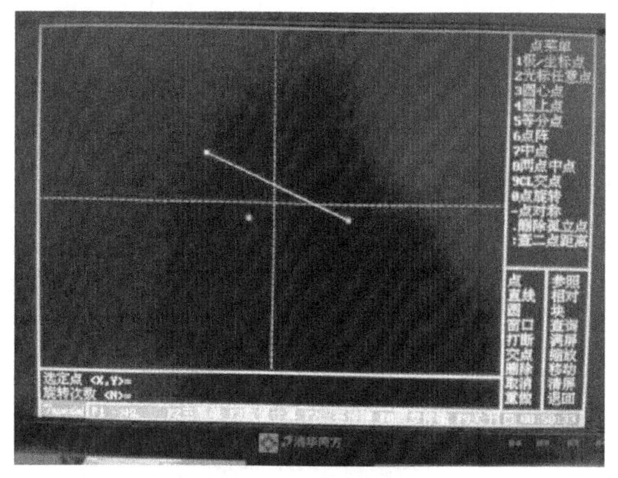


**图 4-42　旋转次数输入**

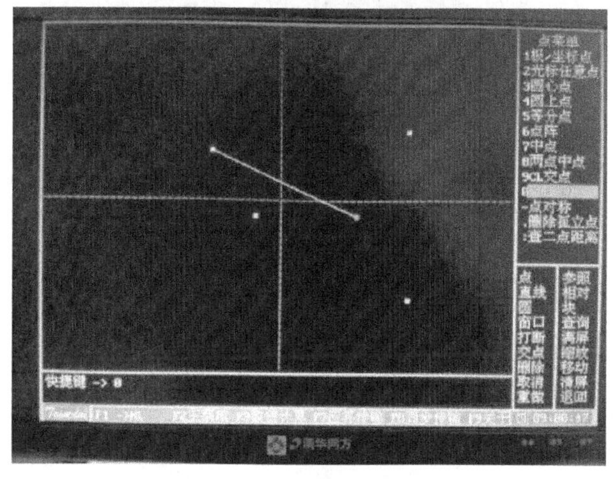


**图 4-43　点旋转绘制完成**

（10）点对称

在图 4-43 的基础之上继续绘图，利用键盘↑↓按钮将光标移到点对称上，如图 4-44 所示。单击“回车”窗口如图 4-45 所示，会话区提示“选定点 <X, Y>=”，利用鼠标单击坐标为（−30，−20）的点，如图 4-46 所示，会话区提示“对称于点，直线＝”，鼠标单击端点为（−80，60）和（90，−20）的直线，窗口如图 4-47 所示，在绘图区域就会显示出对称好的点的图形。

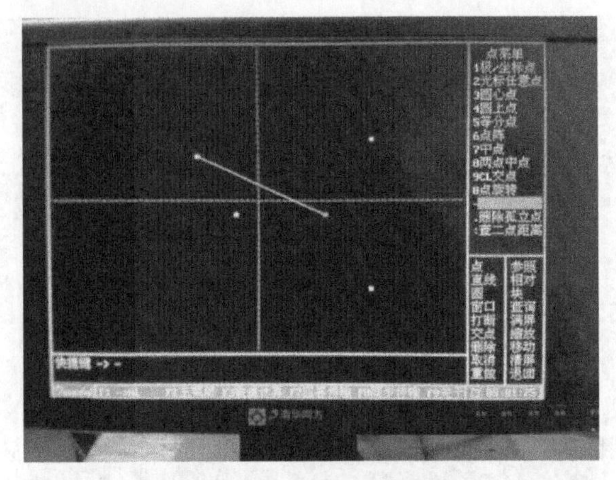


图 4-44　选择点对称

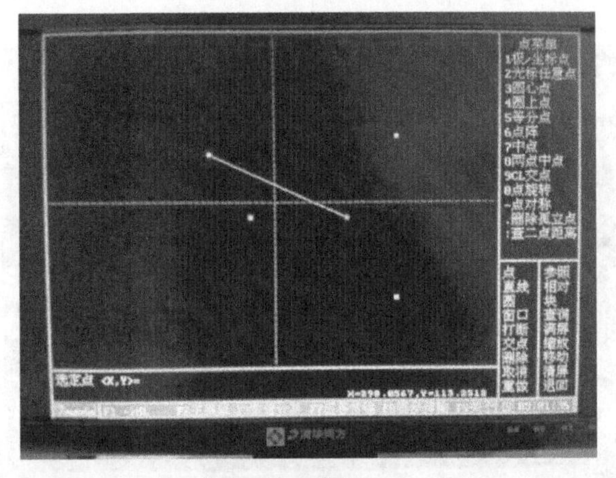


图 4-45　选定点

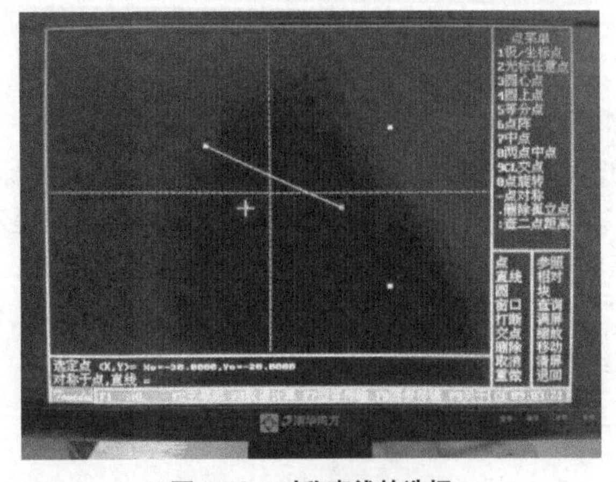


图 4-46　对称直线的选择

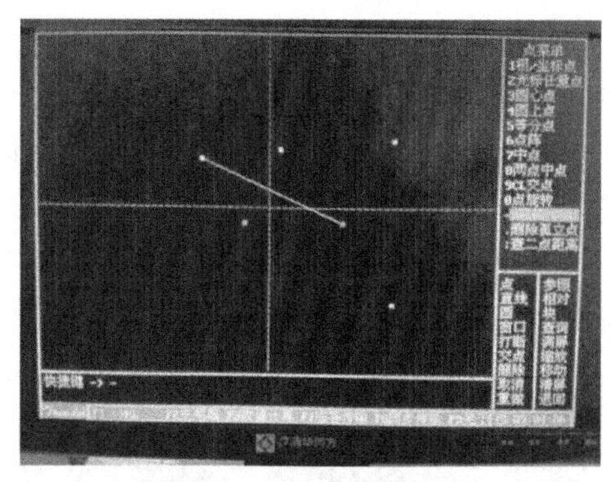


图 4-47　点对称绘制完成

（11）删除孤立点

在图 4-47 的基础之上继续绘图。将光标移至“删除孤立点”上，如图 4-48 所示。选中“删除孤立点”并单击“回车”，窗口如图 4-49 所示，可以看到在绘图区域内除了直线上的点，其余的点就被删除掉了。

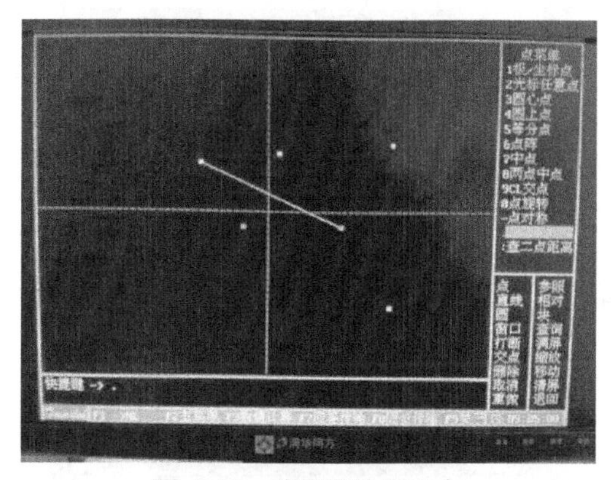


图 4-48　选择删除孤立点

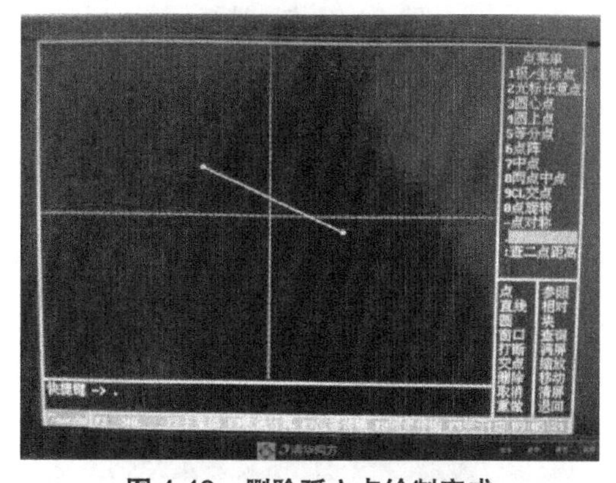


图 4-49　删除孤立点绘制完成

（12）查二点距离

先利用“点”的绘制方法绘制出坐标为（−30，−20）和（120，60）的两个点，如图 4-50 所示。选中“查二点距离”并单击“回车”，窗口如图 4-51 所示，会话区提示“点一 <X，Y>=”，利用鼠标单击点（−30，−20），窗口如图 4-52 所示，在会话区提示“点二 <X，Y>=”，利用鼠标单击点（120，60），窗口如图 4-53 所示，在会话区就会显示出“两点距离 <L>=170”。

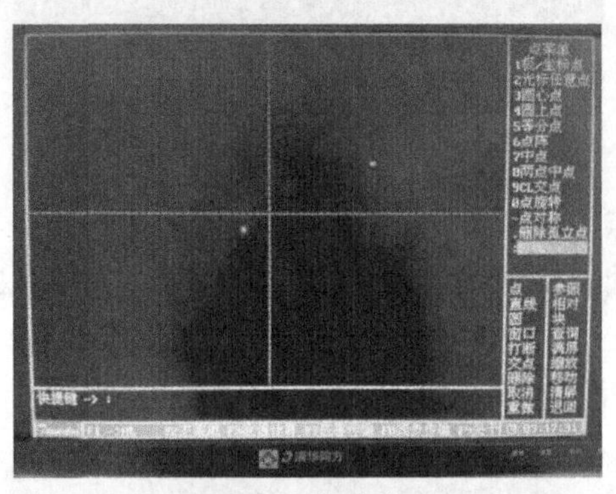

图 4-50　点的绘制

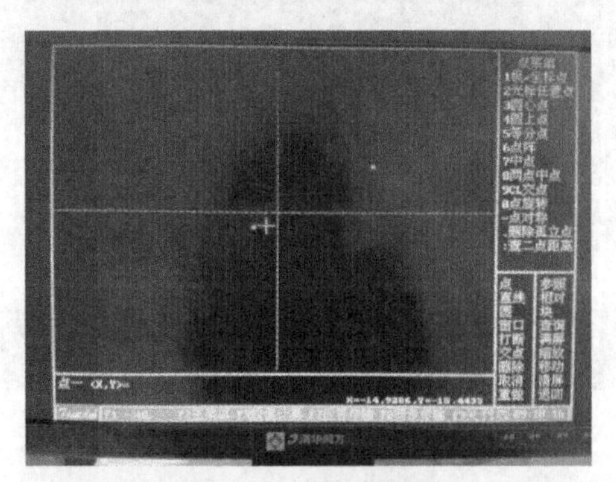

图 4-51　点一选择

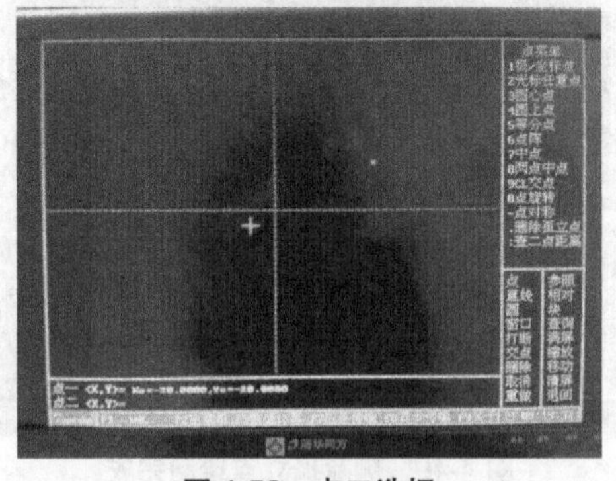

图 4-52　点二选择

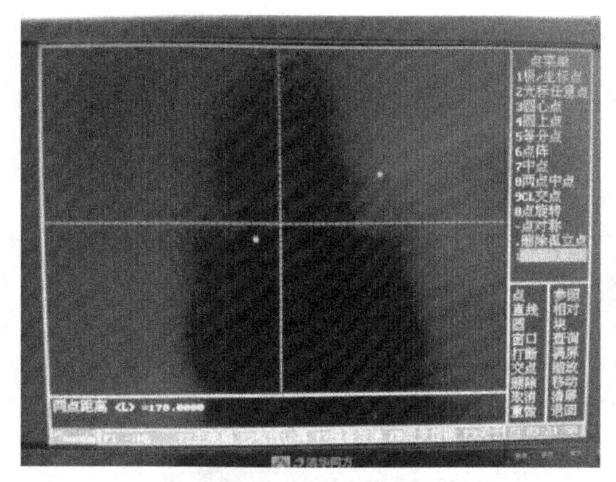


图 4-53　二点距离

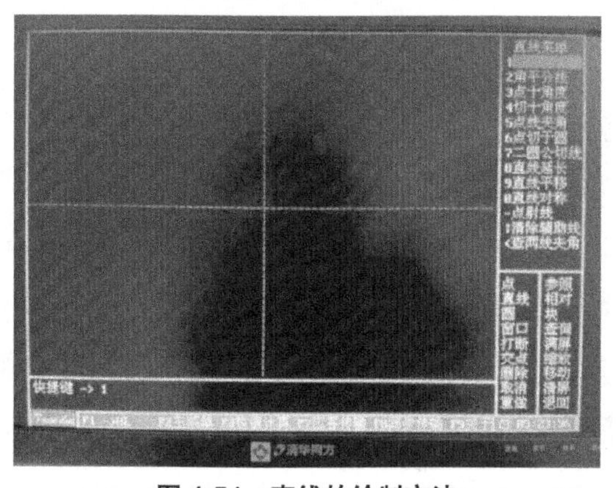


图 4-54　直线的绘制方法

# 4.3　直线的绘制方法

点击键盘↑↓按钮移动光标，在固定菜单区选中直线，然后单击“回车”键，主菜单中的内容就变成关于直线的绘制方法，如图 4-54 所示，关于直线的绘制方法共有 13 种，下面我们依次学习一下这 13 个功能。

（1）两点直线

两点直线，顾名思义，就是知道直线的两端点坐标就可以绘制出该直线。同样点击键盘↑↓按钮，选中“两点直线”并单击“回车”，窗口如图 4-55 所示，会话区提示“直线端点 <X，Y>=”就是输入直线一个端点的坐标值，输入“0，0”，然后单击“回车”键窗口如图 4-56 所示，在会话区提示“直线端点 <X，Y>=”就是输入直线另一个端点的坐标值，输入“50，40”，然后单击“回车”，如图 4-57 所示，在绘图区域就会显示绘制好的一条直线。

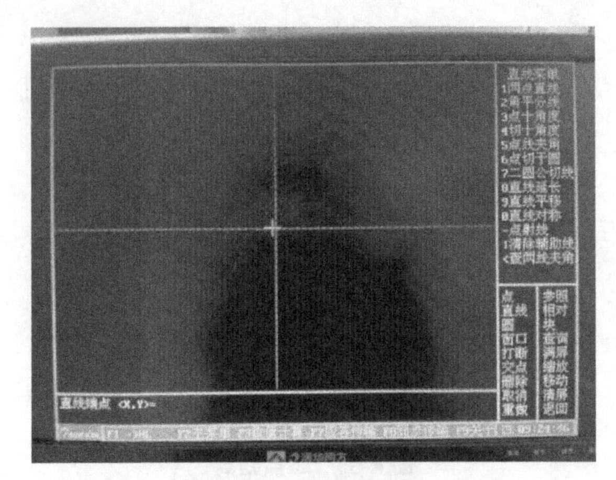


图 4-55　输入直线端点一

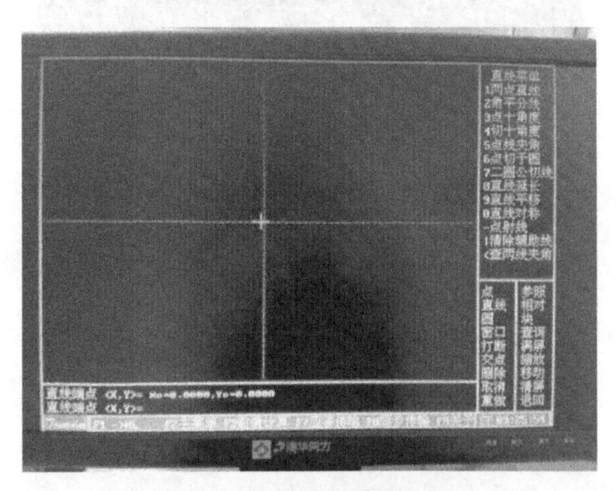


图 4-56　输入直线端点二

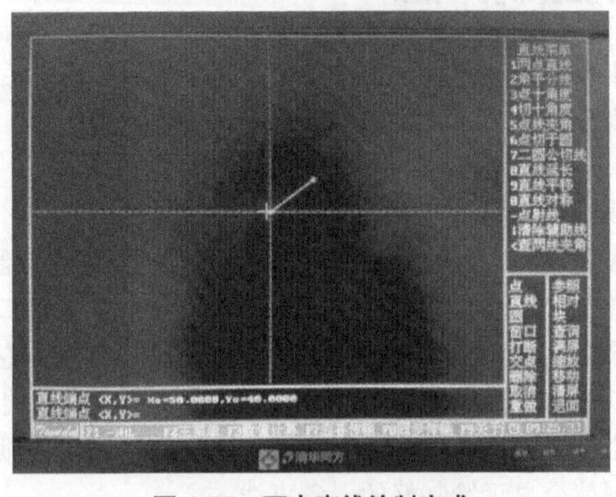


图 4-57　两点直线绘制完成

（2）角平分线

先利用两点直线在图4-57的基础上继续绘制出另一条两端点分别为（0，0）和（50，−20）的直线，如图4-58所示。接下来，选中“角平分线”并单击“回车”，窗口如图4-59所示，会话区提示“选定直线一”就是提醒你选择要绘制出角平分线的两条直线中的一条，这时将光标利用鼠标移动到一条直线上并单击左键，窗口如图4-60所示；在会话区提示“选定直线二”就是选择绘制角平分线的两条直线中的另一条，利用同样方法单击第二条直线，如图4-61所示，在绘图区域就会显示绘制好的一条虚直线，此时会话区提示“直线（Y/N），$X_0$=0.0000，$Y_0$=0.0000，A=98.42920”。如果这条直线是你想要得出的直线，那么就单击键盘“Y”，否则单击“N”，如图4-62所示，在绘图区域显示出与刚才直线垂直的另一条直线，同时会话区提示“直线（Y/N），$X_0$=0.0000，$Y_0$=0.0000，A=188.42920”，这时单击“Y”，即可将该直线确定下来，如图4-63所示。

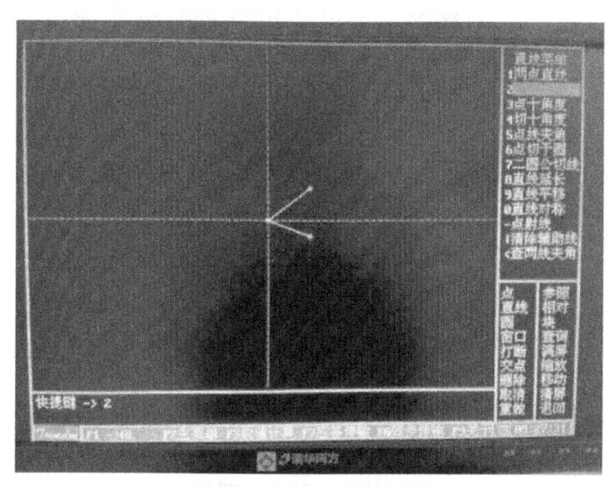


图4-58　直线的绘制完成

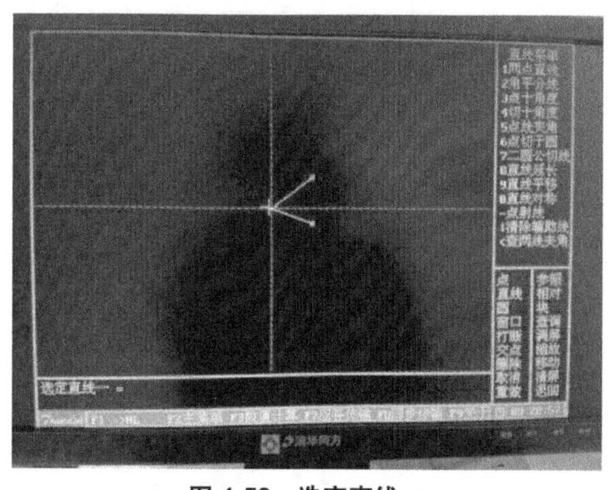


图4-59　选定直线一

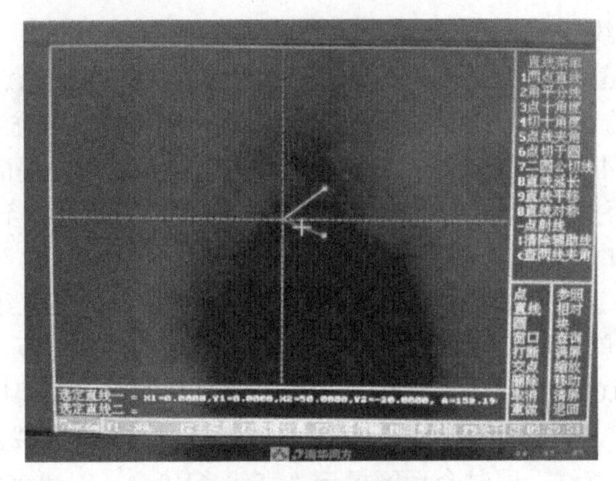


图 4-60　选定直线二

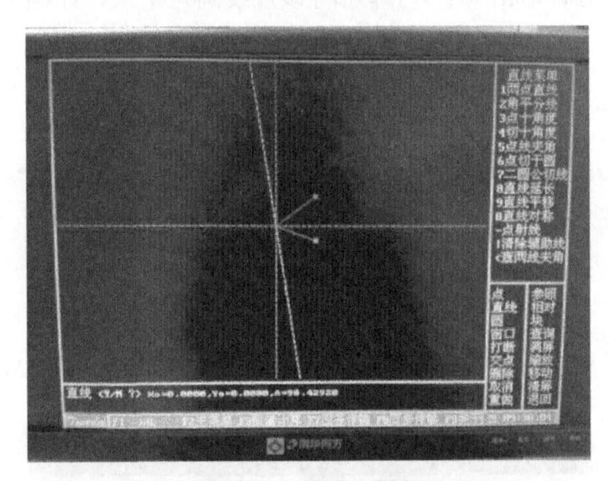


图 4-61　直线一判断

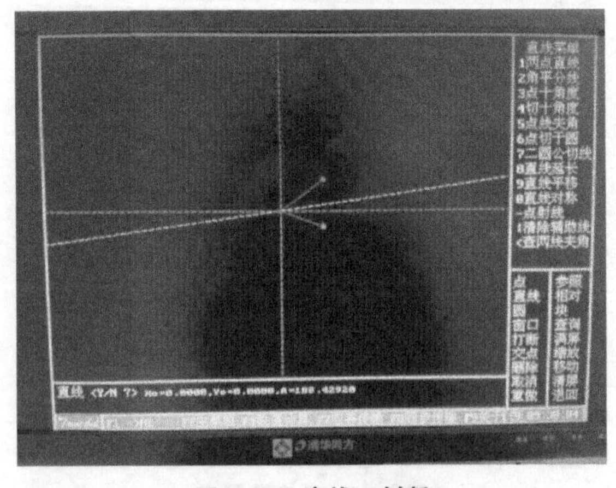


图 4-62　直线二判断

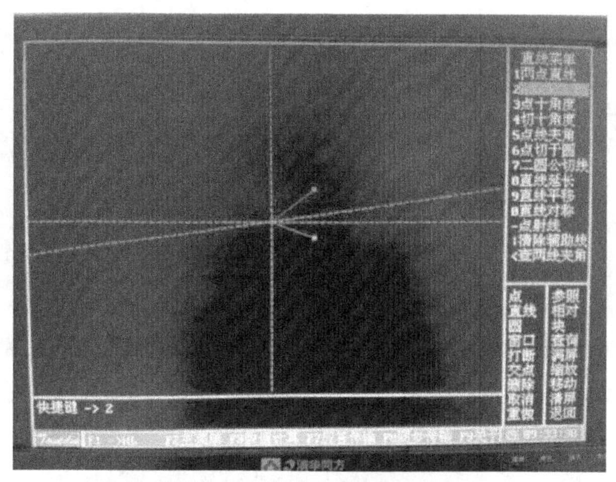


图 4-63　角平分线绘制完成

（3）点 + 角度

选中“点 + 角度”，如图 4-64 所示，并单击“回车”窗口如图 4-65 所示，会话区提示“选定点 <X，Y>=”，这个点可以直接输入，也可以在原有图的基础之上选择需要的点，这里输入“80，60”，如图 4-66 所示。然后单击“回车”键，窗口如图 4-67 所示，在会话区提示“角度 <A=90>=”就是提醒你输入过该点的直线与 $X$ 轴的夹角，输入“28”，然后单击“回车”，如图 4-68 所示，在绘图区域就会显示过点（80，60）且与 $X$ 轴夹角为 28° 的一条直线。

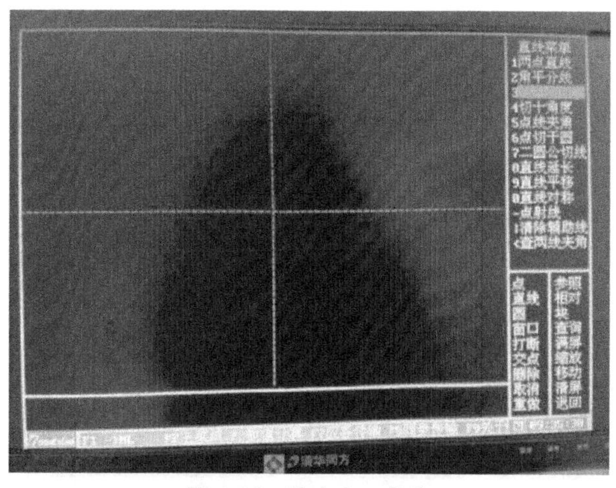


图 4-64　选中点 + 角度

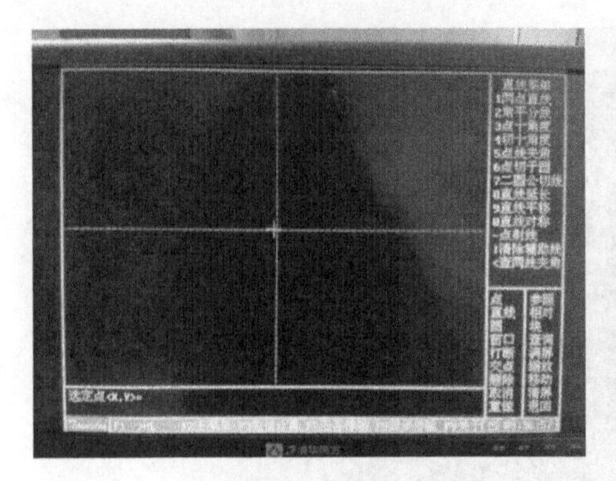


图 4-65 选定点

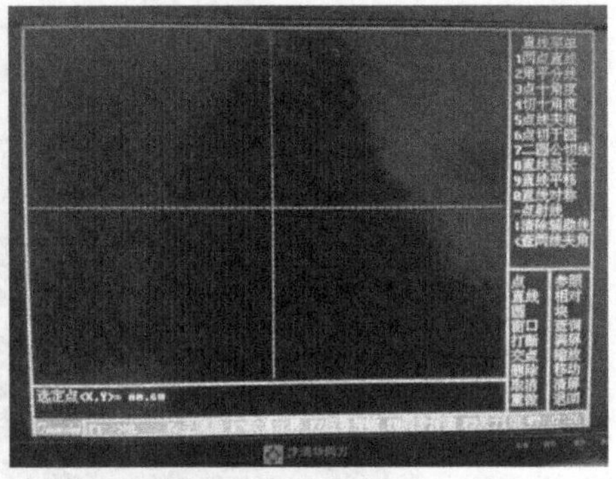

图 4-66 点的输入

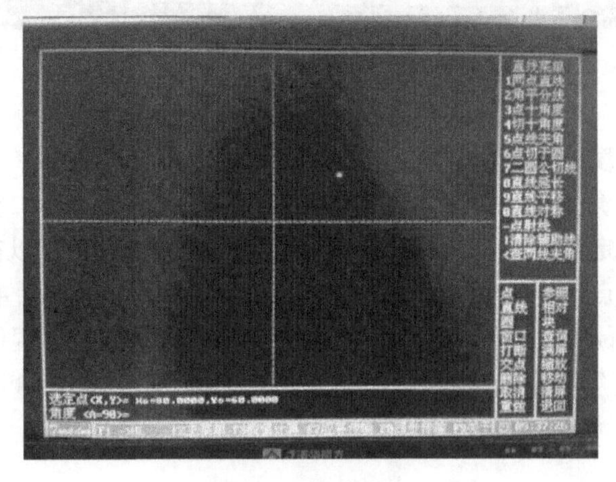


图 4-67 角度输入

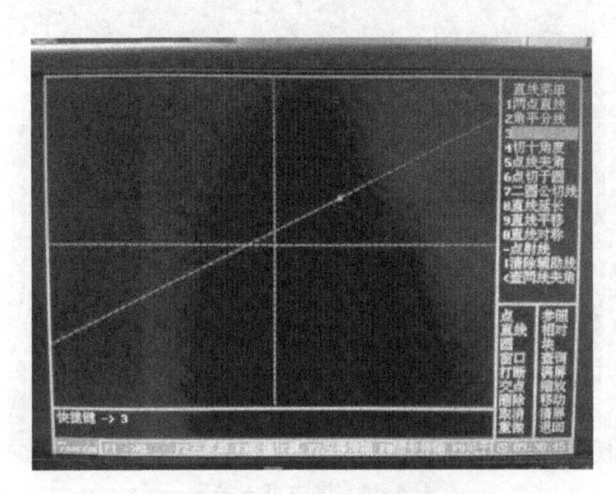


图 4-68 点 + 角度线绘制完成

（4）切 + 角度

先利用“圆”的绘制方法绘制出圆心为（0，0），半径为 40 的圆，如图 4-69 所示。选中“切 + 角度”并单击“回车”，窗口如图 4-70 所示，会话区提示“切于圆，圆弧”，此时就可以在原图的基础之上单击鼠标左键选择已绘制好的圆，窗口如图 4-71 所示，在会话区提示“角度 <A>=”，输入“80”并单击“回车”，如图 4-72 所示，在绘图区域就会显示绘制好的一条虚直线，此时会话区提示“直线（Y/N），$X_0$=−39.3923，$Y_0$=6.9459，A=80.00000”。如果这条直线是想要得出的直线，那么就单击“Y”，否则单击“N”，如图 4-73 所示，在绘图区域显示出另一条与已知圆相切的直线，同时会话区提示“直线（Y/N），$X_0$=39.3923，$Y_0$=−6.9459，A=80.00000”，这时单击“Y”，即可将该直线确定下来，如图 4-74 所示。

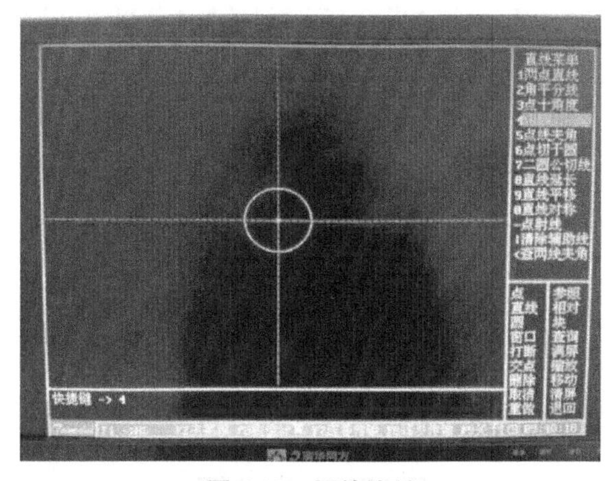


图 4-69　圆的绘制

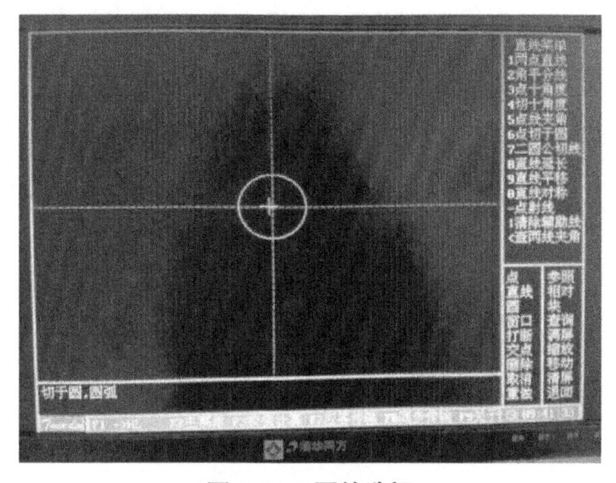


图 4-70　圆的选择

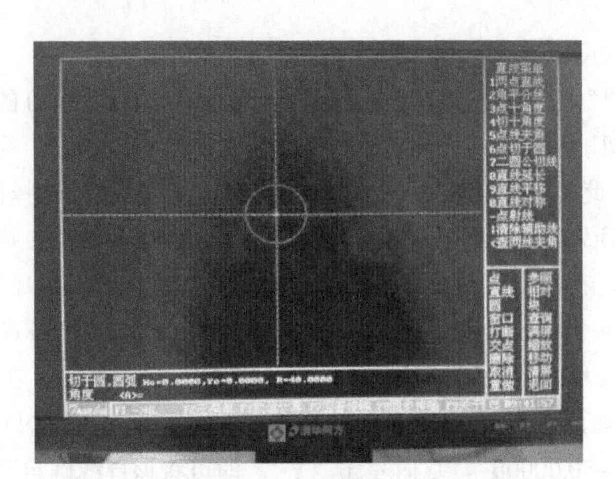


图 4-71　角度输入

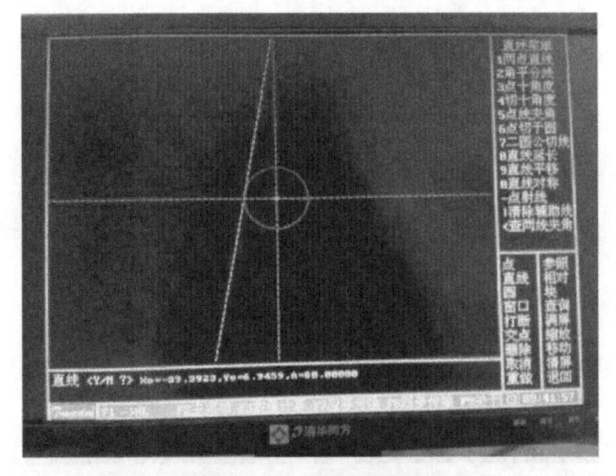


图 4-72　直线一判断

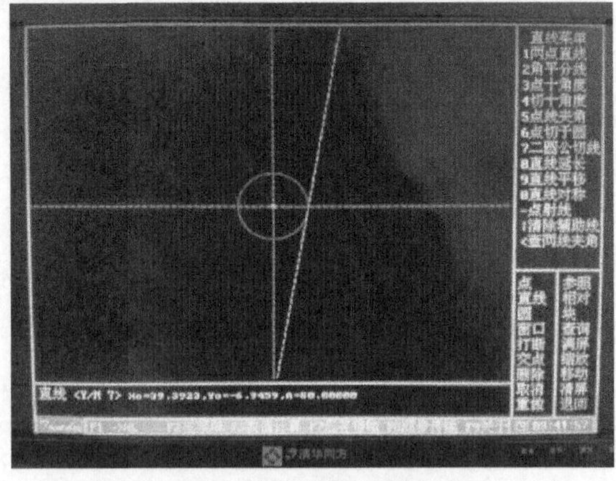


图 4-73　直线二判断

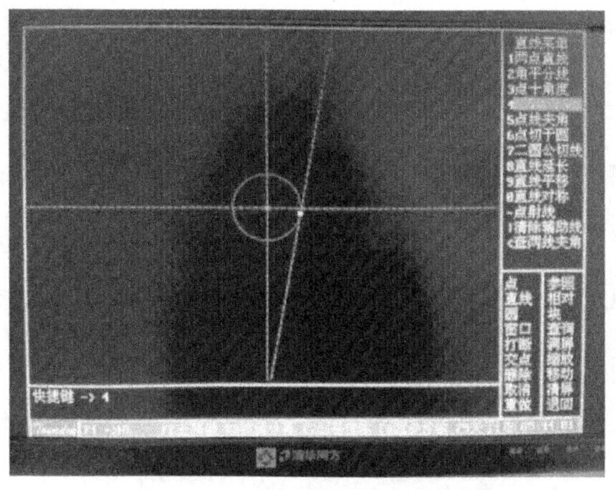


图 4-74　切 + 角度线绘制完成

（5）点线夹角

先利用点的绘制方法绘制出（20，20）的一个点，再利用线的绘制方法绘制出端点分别为（−50，−40）和（60，20）的一条直线，如图 4-75 所示。选中“点线夹角”并单击“回车”，窗口如图 4-76 所示，会话区提示“选定点 <X，Y>=”，此时就可以在原图的基础之上单击鼠标左键选择点（20，20），窗口如图 4-77 所示，在会话区提示“选定直线 =”，同样单击鼠标左键选择刚刚绘制好的直线，如图 4-78 所示，在会话区显示“角度 <A=90>=”，输入“120”并单击“回车”，如图 4-79 所示，在绘图区域就会显示绘制好的一条虚直线，此时会话区提示“直线（Y/N），$X_0$=20.0000，$Y_0$=20.0000，A=148.61046”，如果这条直线是想要得出的直线，那么就单击键盘“Y”，否则单击“N”，这时结果如图 4-80 所示。在绘图区域显示出与要求符合的另一条直线，同时会话区提示“直线（Y/N），$X_0$=20.0000，$Y_0$=20.0000，A=−91.38954”，这时单击“Y”，即可将该直线确定下来，如图 4-81 所示。

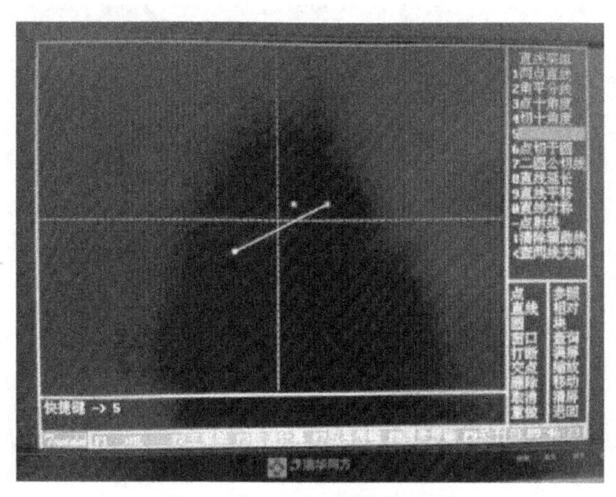


图 4-75　点和直线的绘制

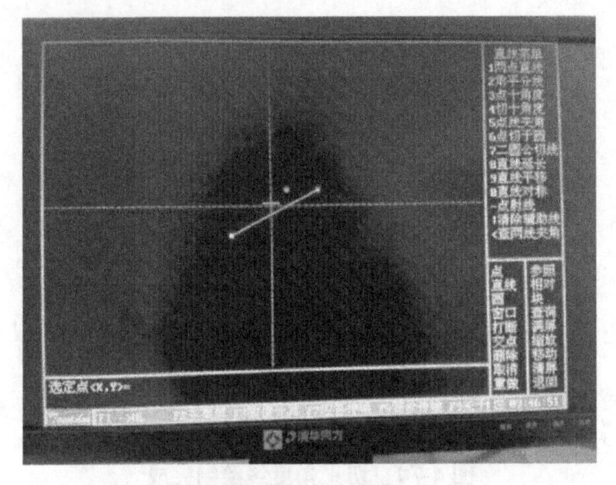


图 4-76　选定点

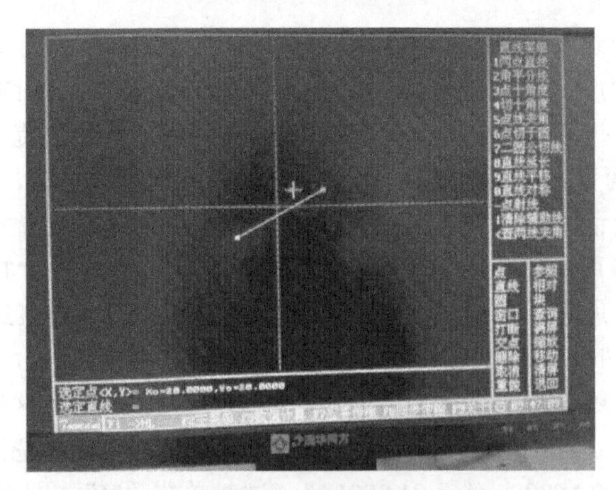


图 4-77　选定直线

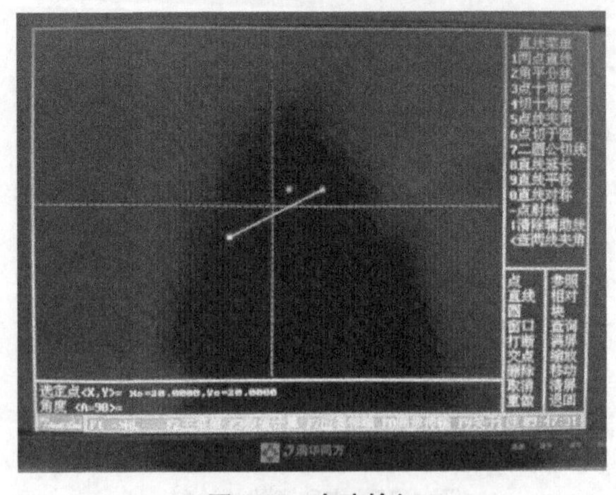


图 4-78　角度输入

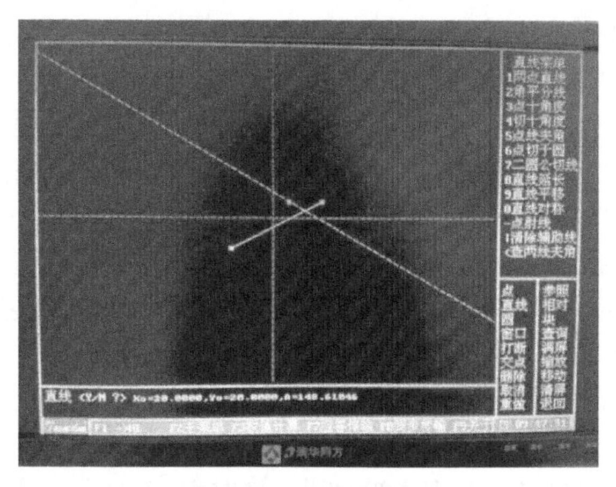


图 4-79　直线一判断

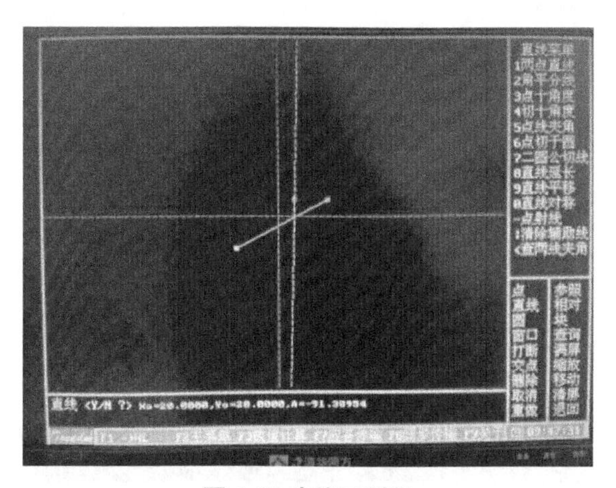


图 4-80 直线二判断

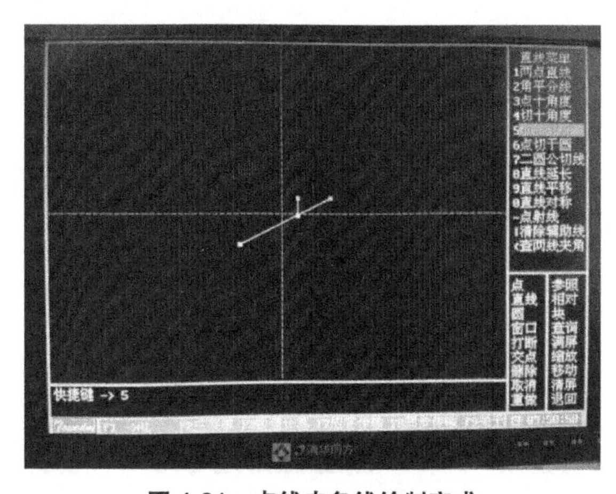


图 4-81　点线夹角线绘制完成

（6）点切于圆

同样先利用“圆”的绘制方法绘制出圆心为（0，0），半径为40的圆，并利用“点”的绘制方法绘制出坐标为（60，40）的点，如图4-82所示。选中“点切于圆”并单击“回车”，窗口如图4-83所示，会话区提示“选定点<X，Y>=”，此时就可以在原图的基础之上单击鼠标左键选择绘制好的点，窗口如图4-84所示，在会话区提示“切于圆，圆弧”，同样单击鼠标左键选择绘制好的圆，如图4-85所示，在绘图区域就会显示绘制好的一条直线，此时会话区提示“直线（Y/N），$X_0$=60.0000，$Y_0$=40.0000，A=247.38014”，如果这条直线是想要得出的直线，那么就单击键盘“Y”，否则单击键盘“N”，如图4-86所示，在绘图区域显示出另一条过已知点且与已知圆相切的直线，同时会话区提示“直线（Y/N），$X_0$=60.0000，$Y_0$=40.0000，A=180.00000”，这时单击“Y”，即可将该直线确定下来，如图4-87所示。

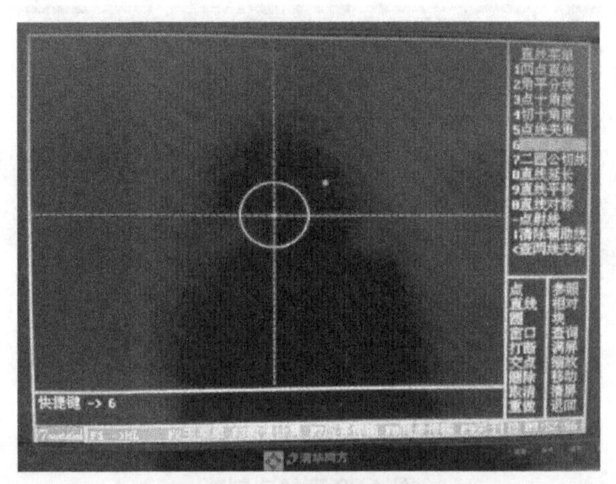


图4-82 点和圆的绘制

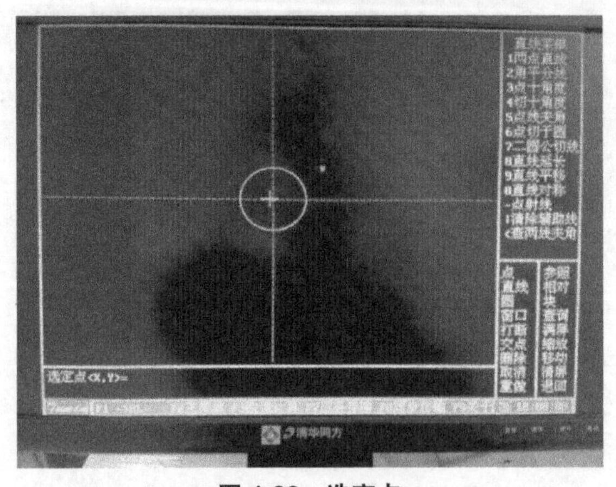


图4-83 选定点

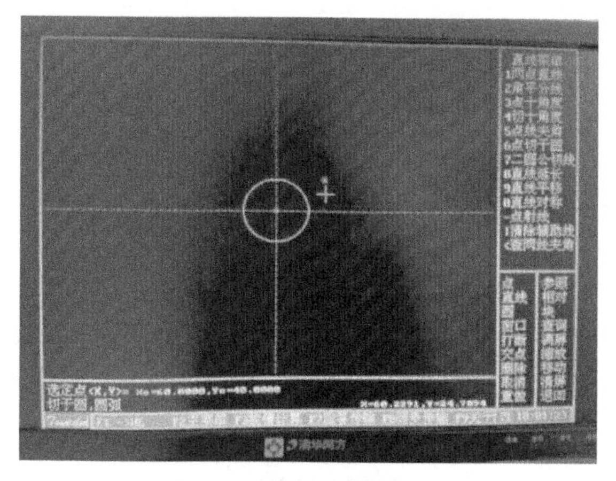

图 4-84 选择圆

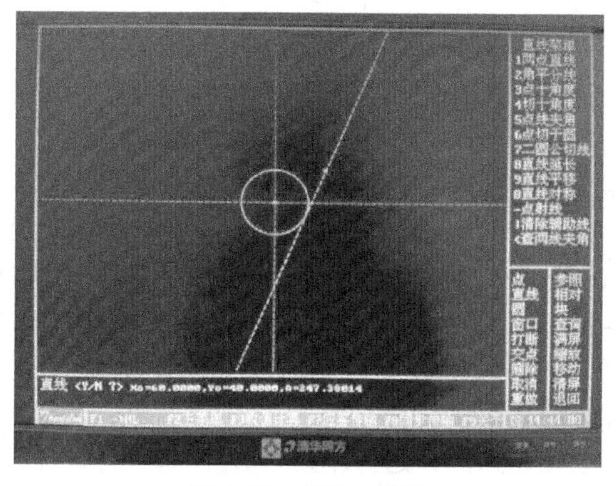

图 4-85 直线一判断

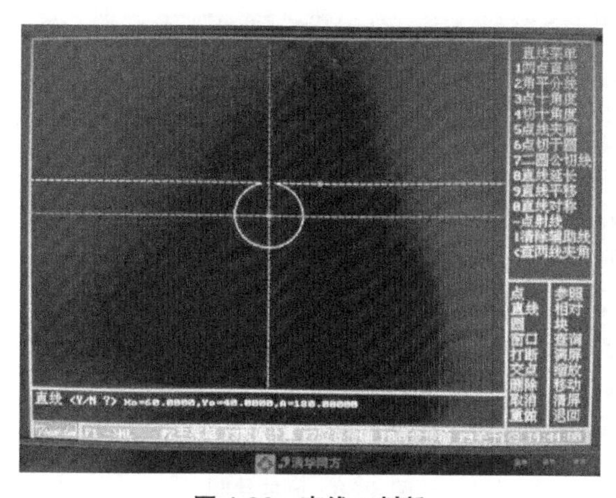

图 4-86 直线二判断

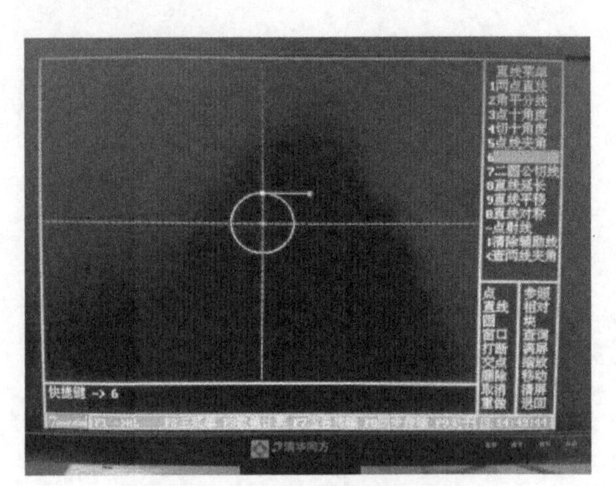


图 4-87 点切于圆直线绘制完成

（7）二圆公切线

先利用“圆”的绘制方法绘制出圆心为（0，0）、半径为 40 以及圆心为（−80，−60）、半径为 30 的两个圆，如图 4-88 所示。选中“二圆公切线”并单击“回车”，窗口如图 4-89 所示，会话区提示“切于圆，圆弧一”，此时就可以单击鼠标左键选择已绘制好的一个圆，窗口如图 4-90 所示；在会话区提示“切于圆、圆弧二”，同样单击鼠标左键选择绘制好的另一个圆，如图 4-91 所示；在绘图区域就会显示绘制好的一条直线，此时会话区提示“直线（Y/N），$X_0$=−64.4902，$Y_0$=−85.6797，A=211.13073”，如果这条直线是想要得出的直线，那么就单击键盘“Y”，否则单击键盘“N”，如图 4-92 所示；在绘图区域显示出另一条与已知两个圆相切的直线，同时会话区提示“直线（Y/N），$X_0$=−100.3098，$Y_0$=−37.9203，A=222.60907”，这时单击“Y”，即可将该直线确定下来，如图 4-93 所示。

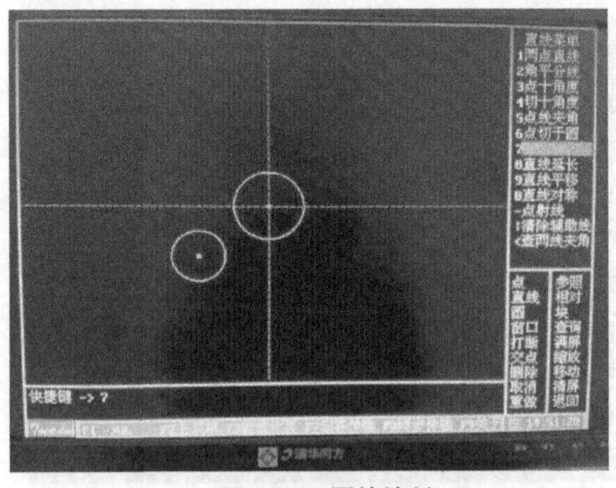


图 4-88 圆的绘制

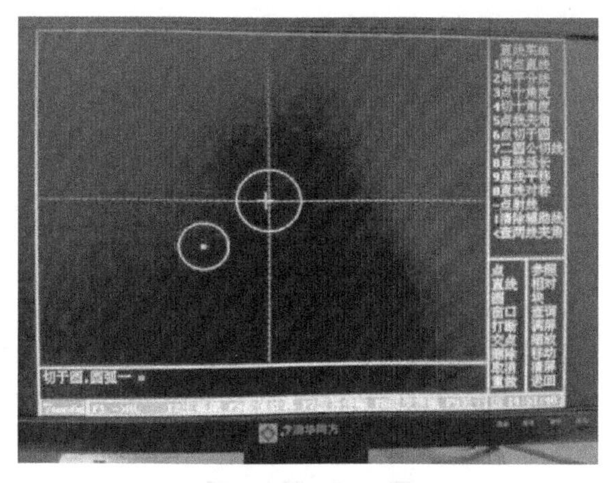

图 4-89　圆一选择

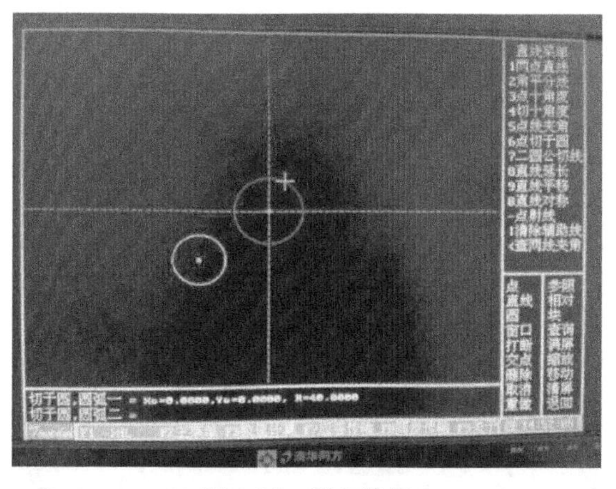

图 4-90　圆二选择

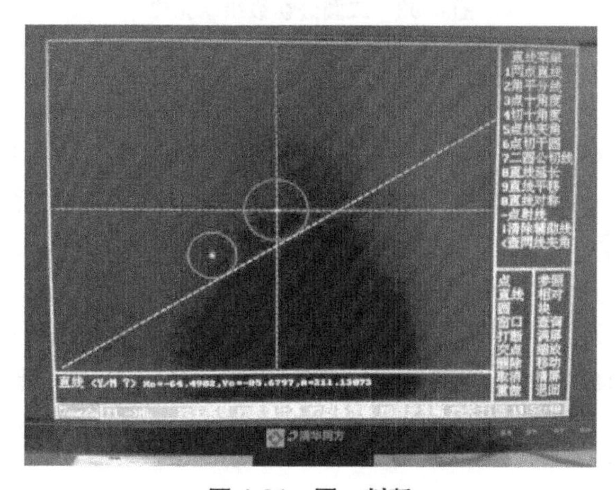

图 4-91　圆一判断

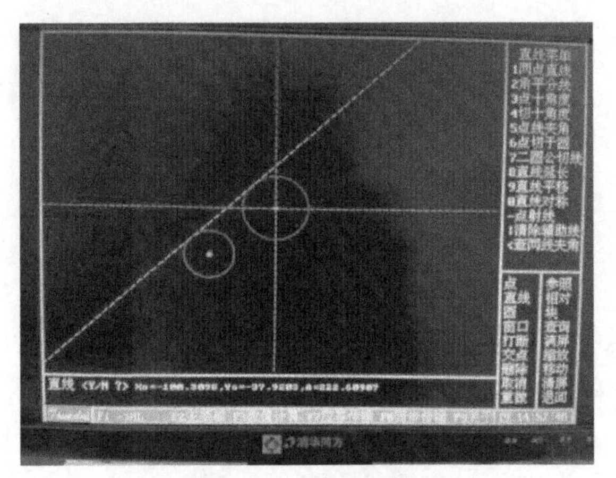


图 4-92　圆二判断

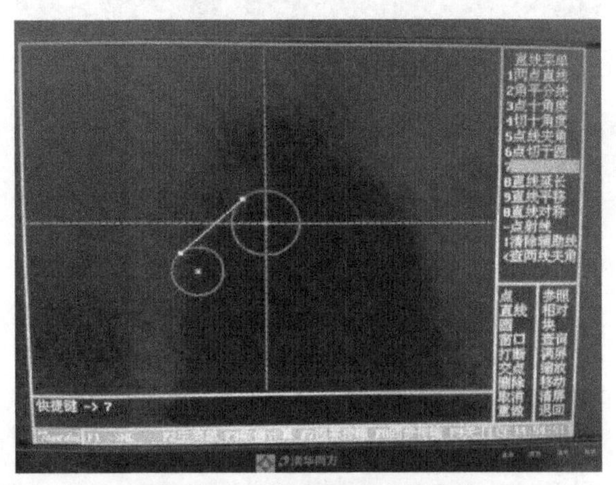


图 4-93　二圆公切线绘制完成

（8）直线延长

先利用“两点直线”的绘图方法绘制出端点为（−40，−30）和（80，50）与端点为（100，0）和（100，150）的两条直线，如图 4-94 所示。选中“直线延长”并单击“回车”，窗口如图 4-95 所示，会话区提示“选定直线 =”，单击鼠标左键选择端点为（−40，−30）和（80，50）的直线，窗口如图 4-96 所示，在会话区提示“交于线，圆，弧”，同样单击鼠标左键选择端点为（100，0）和（100，150）的直线，如图 4-97 所示，在绘图区域就会显示出延长后的直线。

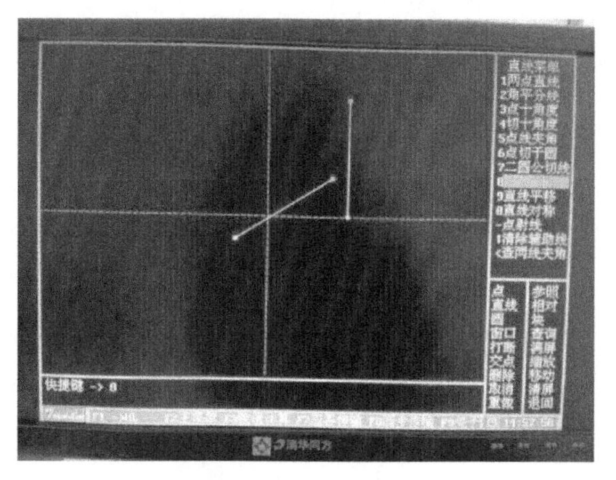


图 4-94　直线绘制

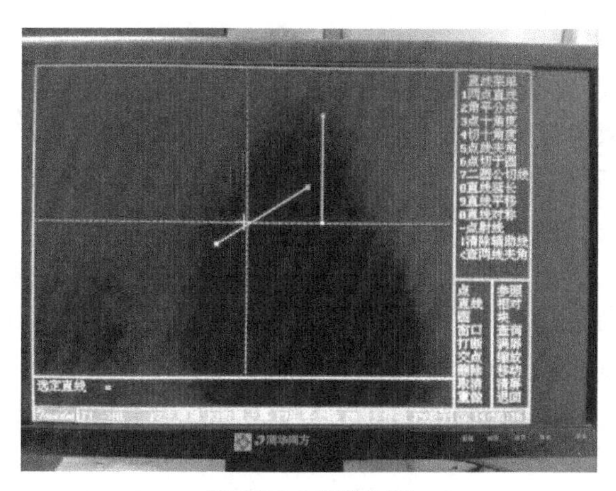


图 4-95　直线选择

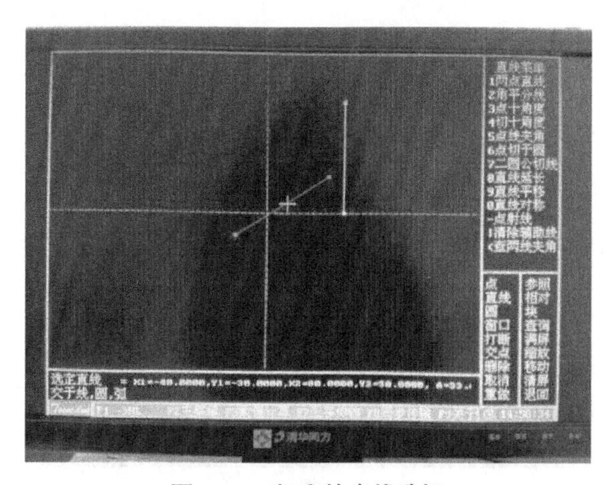


图 4-96　相交的直线选择

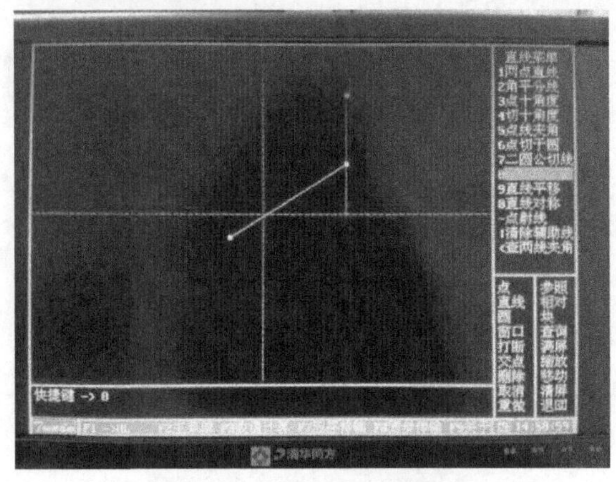


图 4-97　直线延长绘制完成

（9）直线平移

先利用“两点直线”的绘图方法绘制出端点为（−100，0）和（100，150）的一条直线，如图 4-98 所示，选中“直线平移”并单击“回车”，窗口如图 4-99 所示，会话区提示“选定直线 =”，单击鼠标左键选择刚才绘制好的直线，窗口如图 4-100 所示，在会话区提示“平移距离 <D>=”，输入“20”并单击“回车”，如图 4-101 所示，在绘图区域就会显示出与已知直线平行距离为 20 的一条虚直线，此时会话区提示“直线（Y/N），$X_0$=−112.0000，$Y_0$=16.0000，A=36.86990”，如果这条直线是想要得出的直线，那么就单击“Y”，否则单击“N”，如图 4-102 所示，在绘图区域显示出与刚才直线对称位置相反的另一条符合要求的直线，与此同时，会话区提示的内容也变为“直线（Y/N），$X_0$=−88.0000，$Y_0$=−16.0000，A=36.86990”，这时单击“Y”，即可将该直线确定下来，如图 4-103 所示。

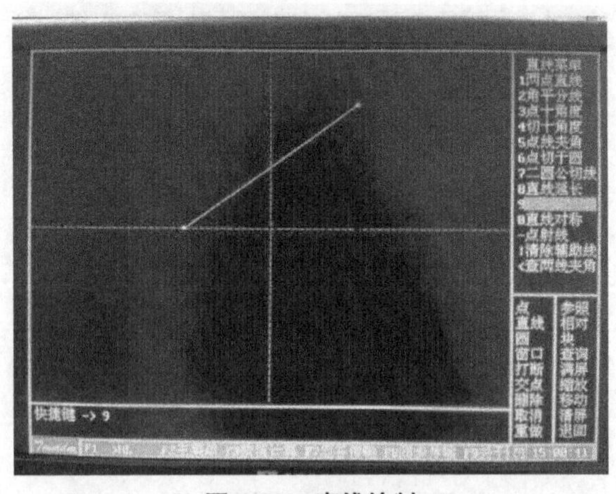


图 4-98　直线绘制

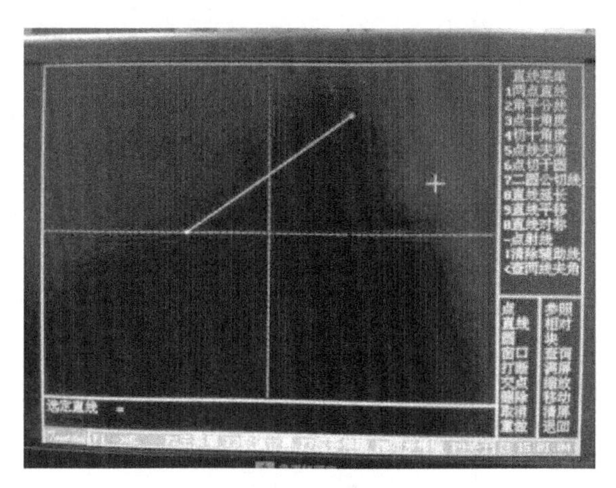

图 4-99　直线选择

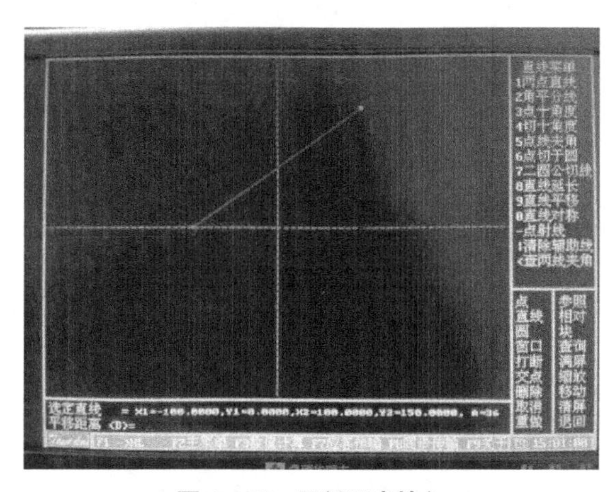

图 4-100　平行距离输入

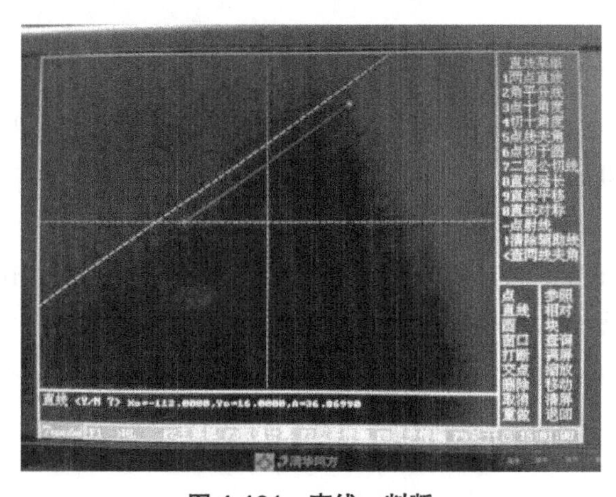

图 4-101　直线一判断

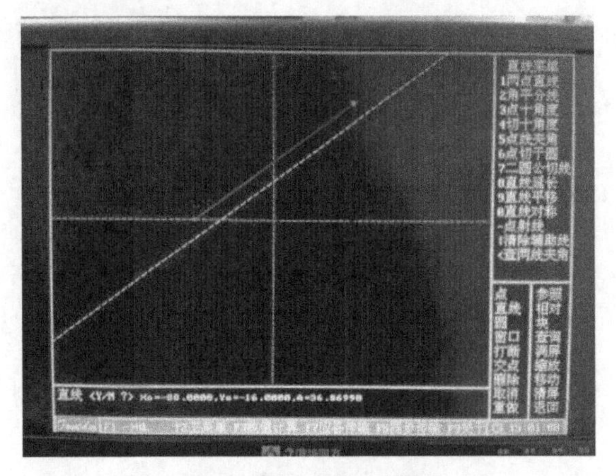


图 4-102　直线二判断

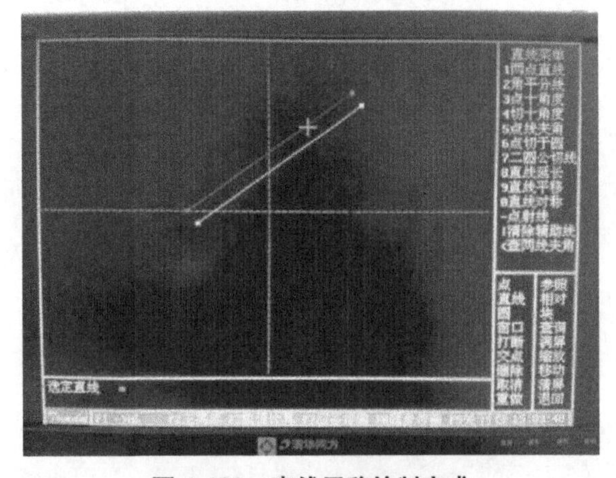


图 4-103　直线平移绘制完成

（10）直线对称

先利用“两点直线”的绘图方法绘制出端点为（−50，−30）和（20，20）与端点为（−60，−20）和（−60，30）的两条直线，如图 4-104 所示。选中“直线对称”并单击“回车”，窗口如图 4-105 所示，会话区提示“选定直线 =”，单击鼠标左键选择端点为（−60，−20）和（−60，30）的直线，窗口如图 4-106 所示，会话区提示“对称于直线 =”，同样点击鼠标左键选择端点为（−50，−30）和（20，20）的直线，如图 4-107 所示，在绘图区域就会显示出对称后的直线。

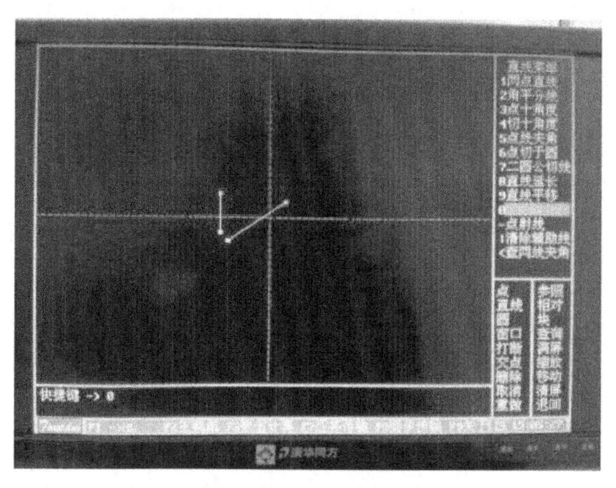


图 4-104　直线绘制

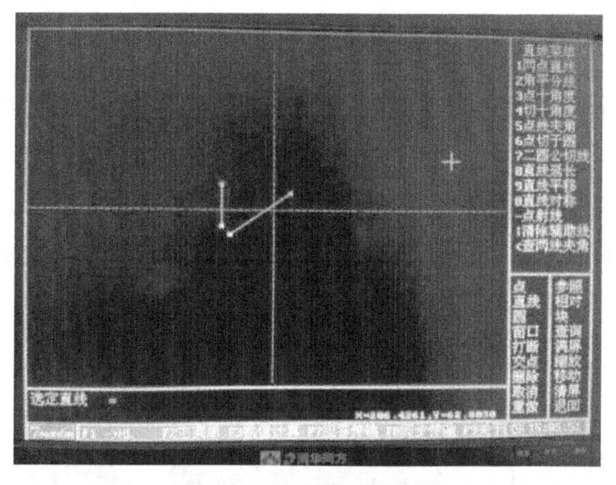


图 4-105　平直线选定

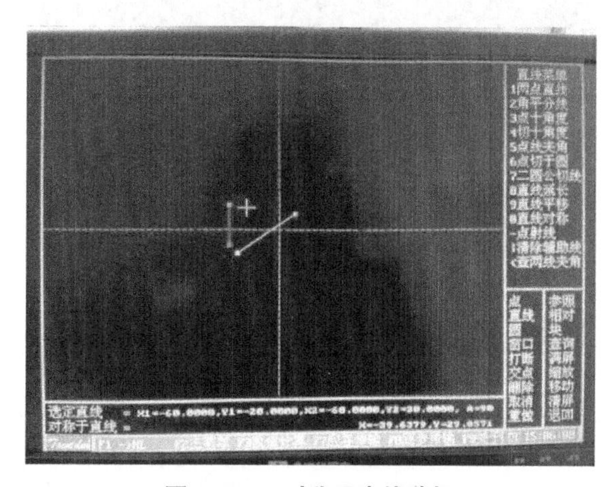


图 4-106　对称于直线选择

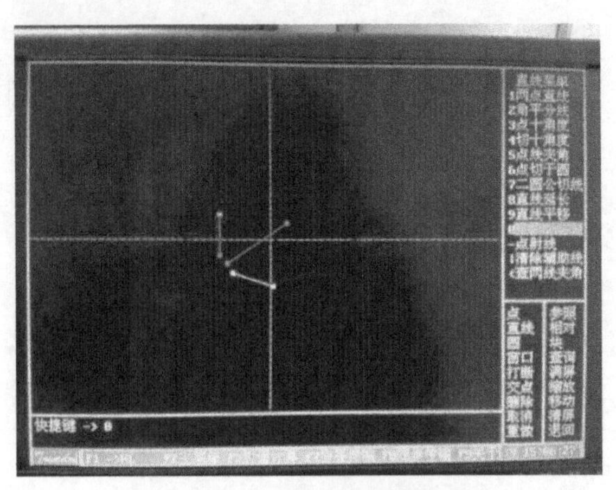


图 4-107　直线对称绘制完成

（11）点射线

在图 4-107 所示的图形中继续绘图。选中“点射线”如图 4-108 所示，单击“回车”后窗口如图 4-109 所示，会话区提示“选定点 <X，Y>=”，单击鼠标左键选择点（−60，30），窗口如图 4-110 所示，在会话区提示“角度 <A=”，输入“60”，如图 4-111 所示，会话区提示“交于线，圆，弧”，单击鼠标左键选择端点为（−50，−30）和（20，20）的直线，如图 4-112 所示，在绘图区域就会显示出过已知点且交于已知线的射线。

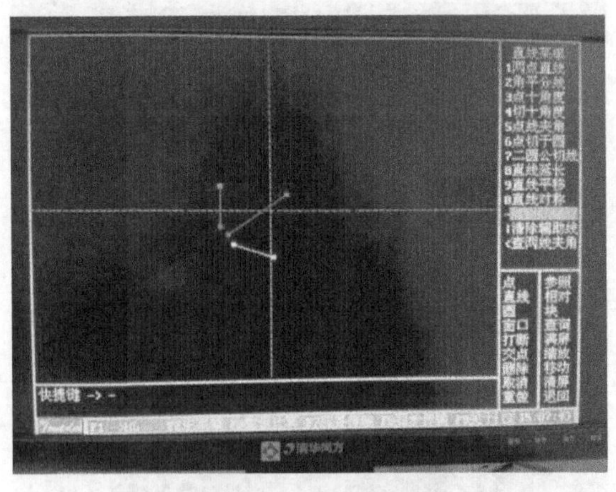


图 4-108　选中点射线

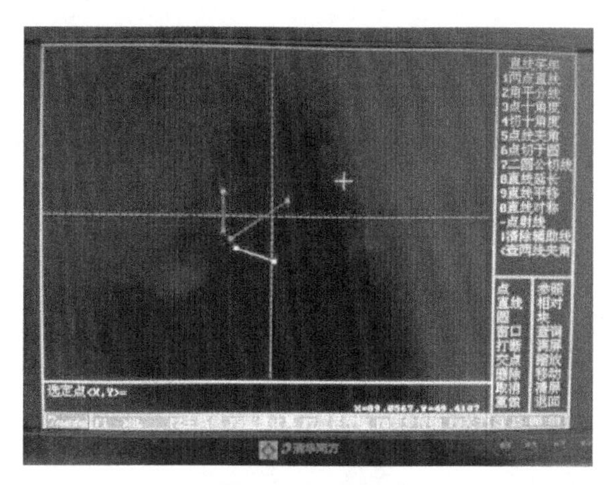


图 4-109　选定点

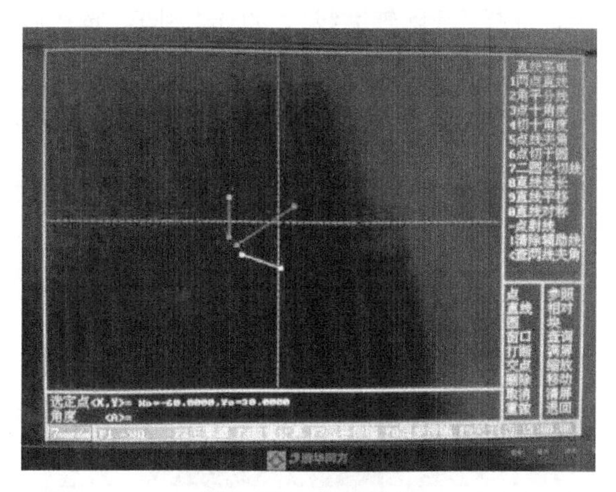


图 4-110　角度输入

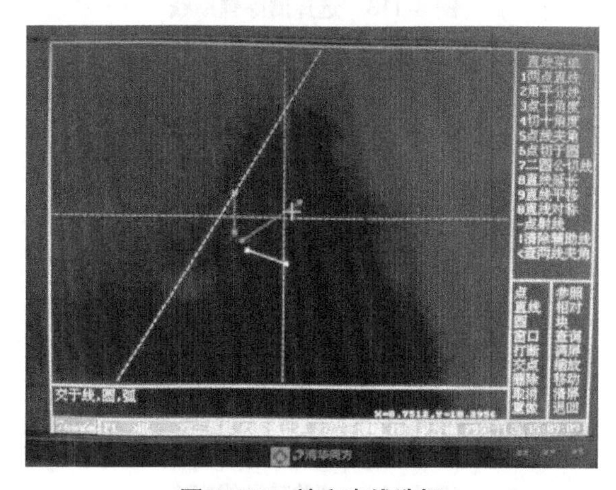


图 4-111　被交直线选择

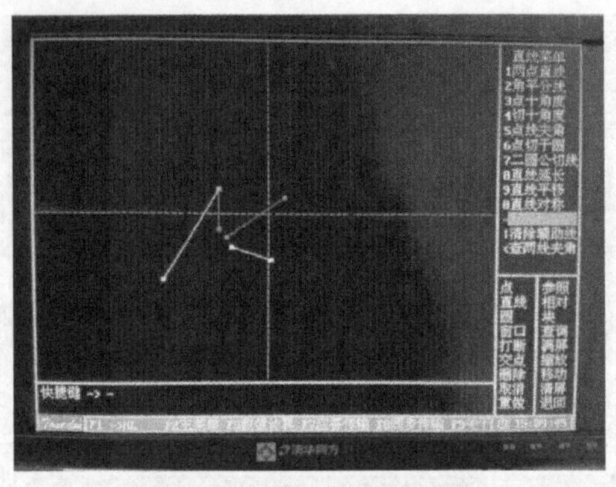


图 4-112　点射线绘制完成

（12）清除辅助线

如图 4-113 所示，选择“清除辅助线”，点击“回车”按钮后，窗口如图 4-114 所示。

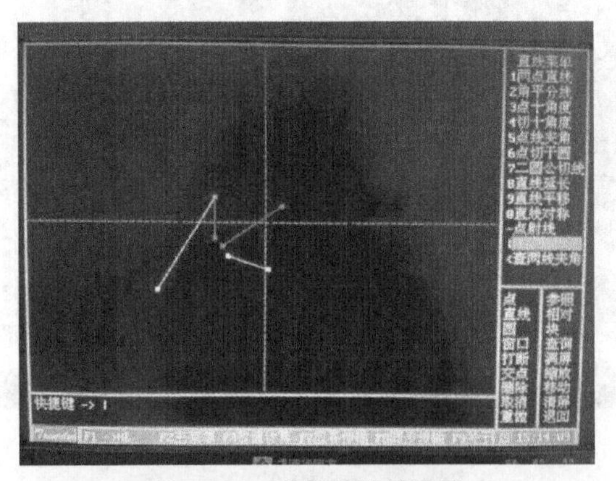


图 4-113　选择清除辅助线

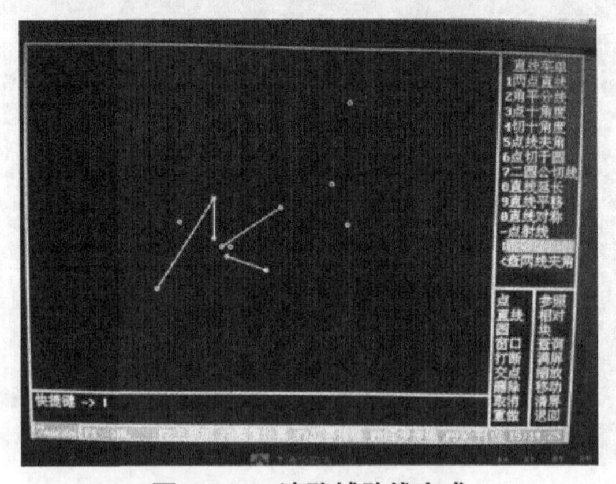


图 4-114　清除辅助线完成

（13）查两线夹角

先利用“两点直线”的绘图方法绘制出端点为（0，0）和（80，60）与端点为（−30，20）和（90，50）的两条直线，如图 4-115 所示。选中“查两线夹角”窗口如图 4-116 所示，会话区提示“选定直线一”，单击鼠标左键选择端点为（0，0）和（80，60）的直线，窗口如图 4-117 所示；在会话区提示“选定直线二”，同样单击鼠标左键选择端点为（−30，20）和（90，50）的直线，如图 4-118 所示，计算机可以迅速计算出已知两条直线的夹角，此时会话区显示为“两线夹角 =22.83365”。

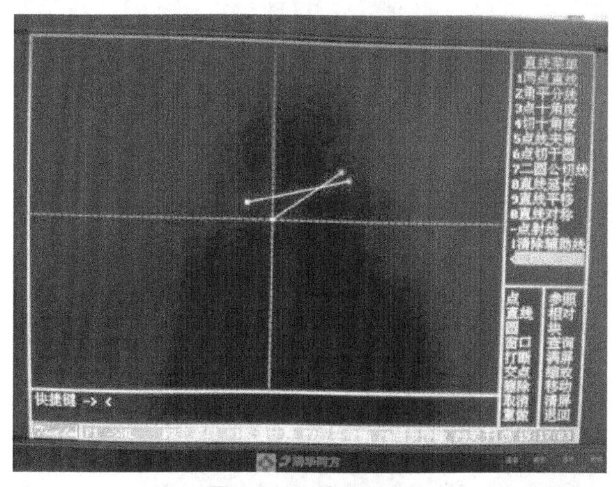


图 4-115 直线绘制

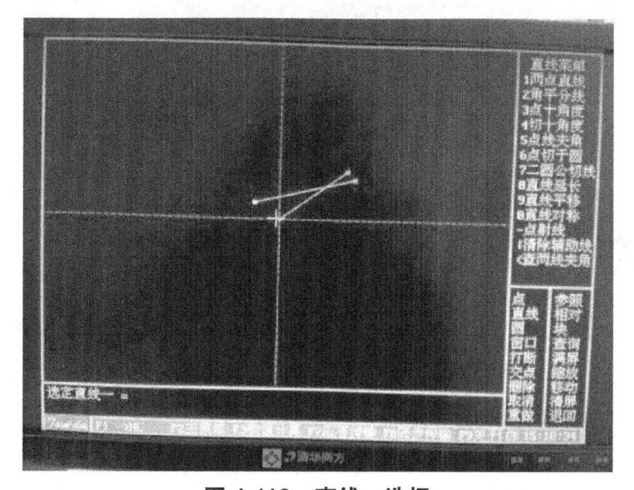


图 4-116 直线一选择

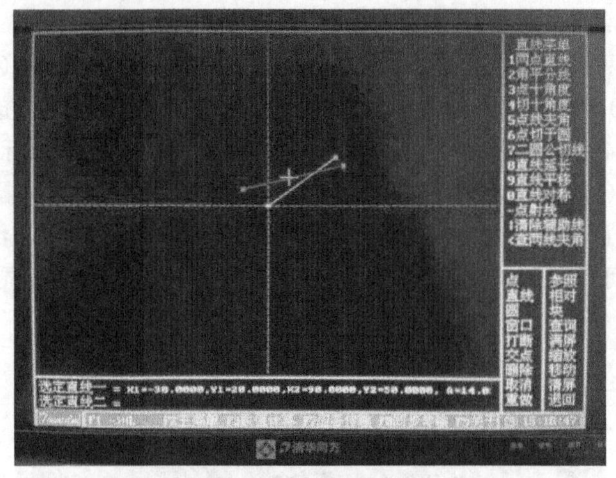


图 4-117　直线二选择

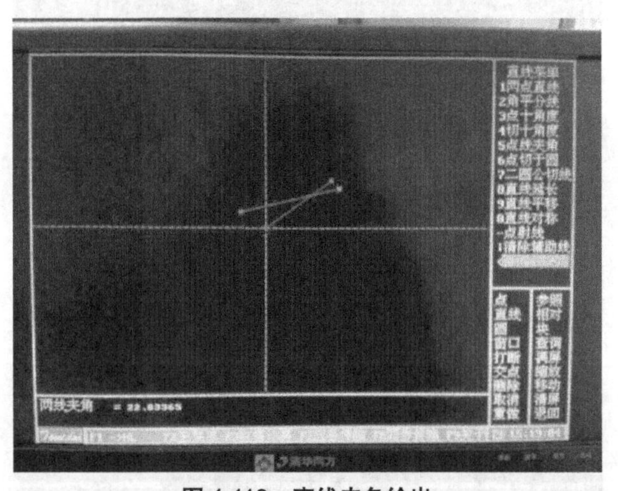


图 4-118　直线夹角给出

# 4.4　圆的绘制方法

将光标移至固定菜单区的圆上，然后单击“回车”键，主菜单中的内容就变成关于圆的绘制方法，如图 4-119 所示，关于圆的绘制方法也共有 13 种，下面我们来学习其中常用到的 10 个功能。

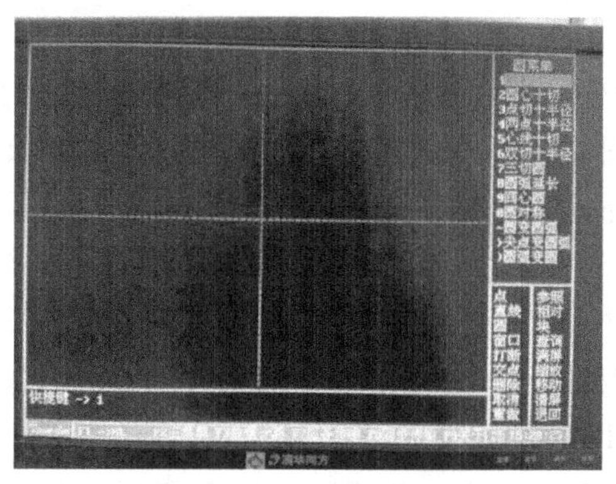


图 4-119　圆的绘制方法

（1）圆心 + 半径

选中“圆心 + 半径”并按“回车”键，窗口如图 4-120 所示，会话区提示“圆心 <X，Y>=”，输入“0，20”并单击“回车”，窗口如图 4-121 所示，在会话区提示“半径 <R>=”，输入“40”，单击“回车”，如图 4-122 所示，在绘图区域就会显示出绘制好的圆。

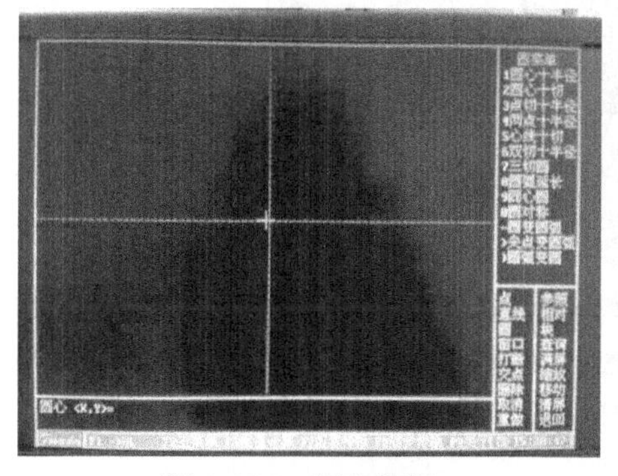


图 4-120　圆心选择

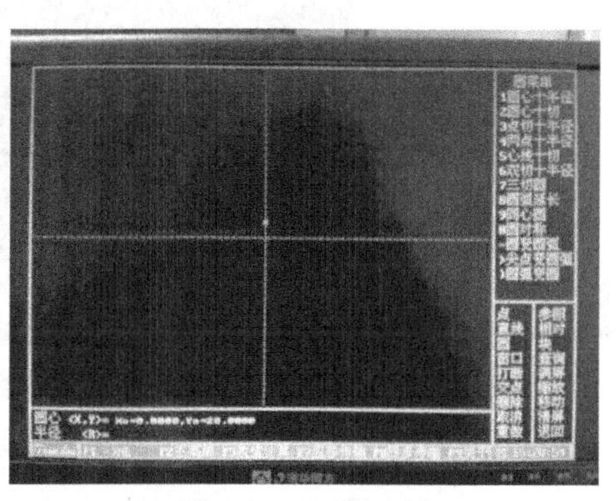

图 4-121　半径选择

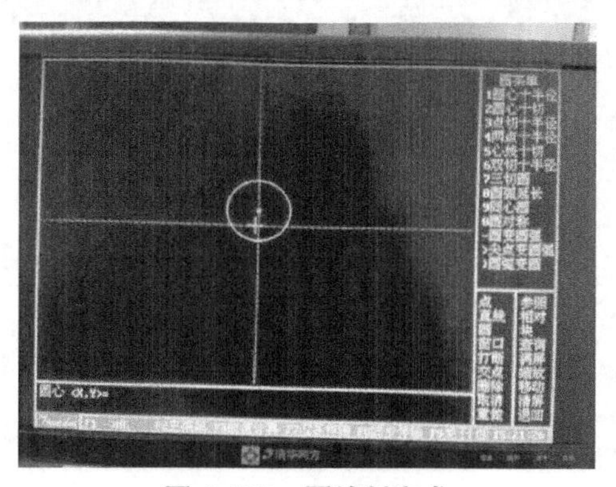


图 4-122　圆绘制完成

（2）圆心＋切

在图4-122的基础之上继续绘图，选中“圆心＋切”如图4-123所示，按下“回车”键后变为图4-124所示的窗口，会话区提示“圆心<X，Y>=”，输入“60，50”并单击“回车”，窗口如图4-125所示，在会话区提示“切于点，线，圆”，单击鼠标左键选择已绘制好的圆，如图4-126所示，绘图区域出现了一个黄色的与已知圆相外切的虚线圆，同时会话区提示“圆（Y/N），$X_0$=60.0000，$Y_0$=50.0000，R=27.0820”。如果这个圆是想要得出的，那么就单击“Y”，否则单击“N”，如图4-127所示，在绘图区域显示出与之相内切的一个虚线圆，同时会话区提示“圆（Y/N），$X_0$=60.0000，$Y_0$=50.0000，R=107.0820”，这时单击“Y”，即可将该圆确定下来，如图4-128所示。

图4-123　选择圆心＋切

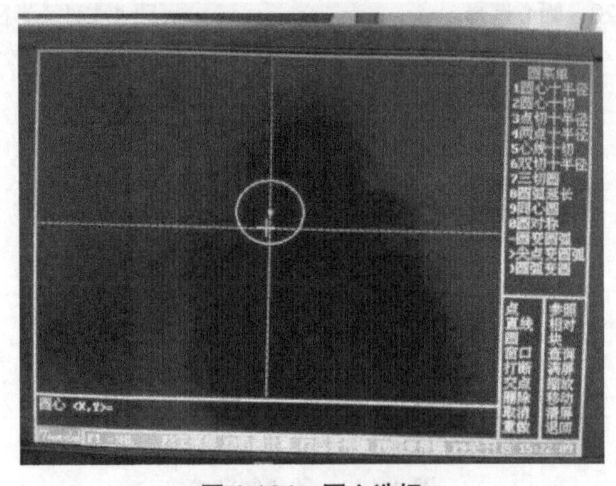


图4-124　圆心选择

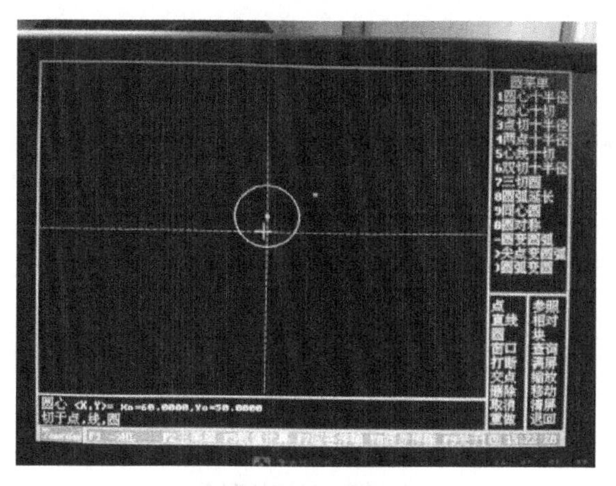

图 4-125　切圆选择

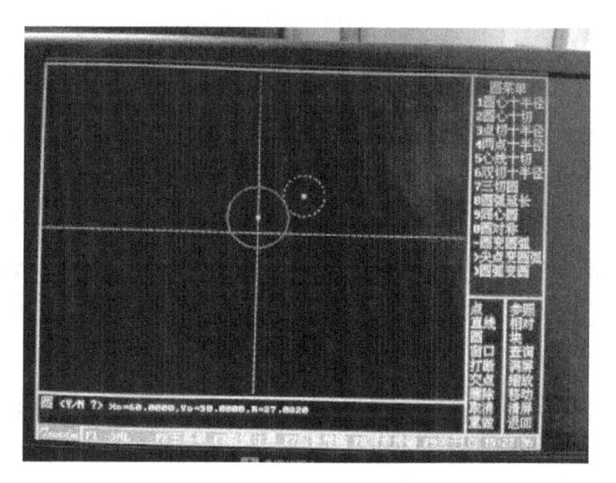

图 4-126　圆一判断

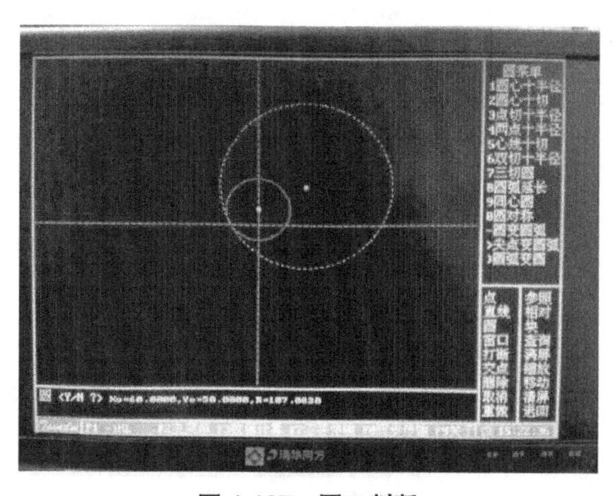

图 4-127　圆二判断

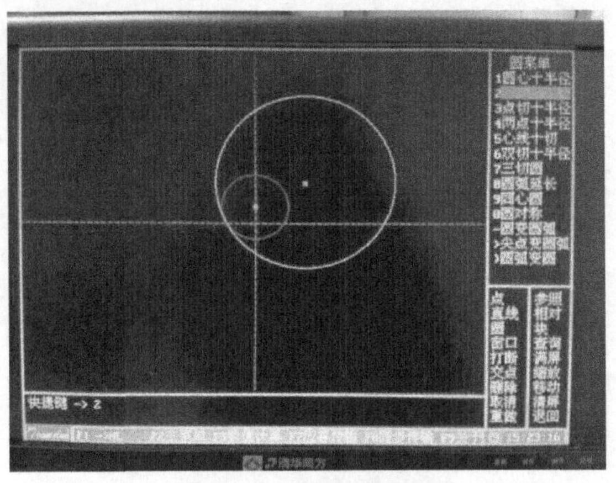


图 4-128 切圆绘制完成

（3）点切 + 半径

先绘制出圆心为（40，0），半径为 35 的圆。选中“点切 + 半径”如图 4-129 所示，并按“回车”键，会话区提示“圆上点 <X，Y>=”，利用键盘输入“60，50”并单击“回车”后，变为图 4-130 所示的窗口，会话区提示“切于点，线，圆”，单击鼠标左键选择已绘制好的圆，如图 4-131 所示，会话区提示“半径 <R>=”，输入“25”并单击回车之后，变为图 4-132 所示的窗口，在绘图区域出现一个与之相外切的虚线圆，同时会话区提示“圆（Y/N），$X_0$=37.0557，$Y_0$=59.9277，R=25.0000”，如果这个圆是想要得出的，那么就单击“Y”，否则单击“N”，如图 4-133 所示，在绘图区域显示出与之相外切的另一个虚线圆，同时会话区提示“圆（Y/N），$X_0$=83.4615，$Y_0$=41.3654，R=25.0000”，这时单击“Y”，即可将该圆确定下来，如图 4-134 所示。

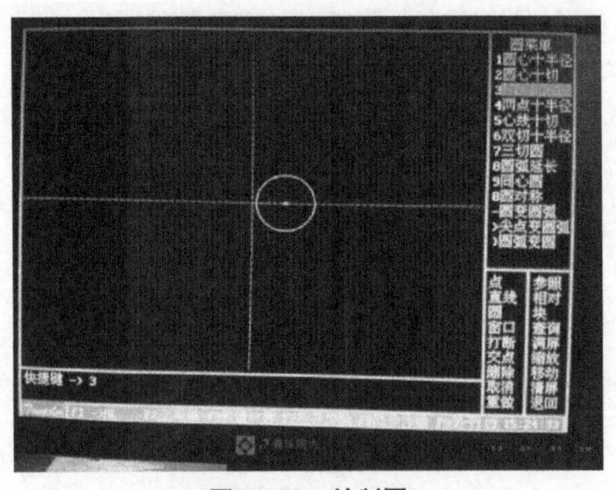


图 4-129 绘制圆

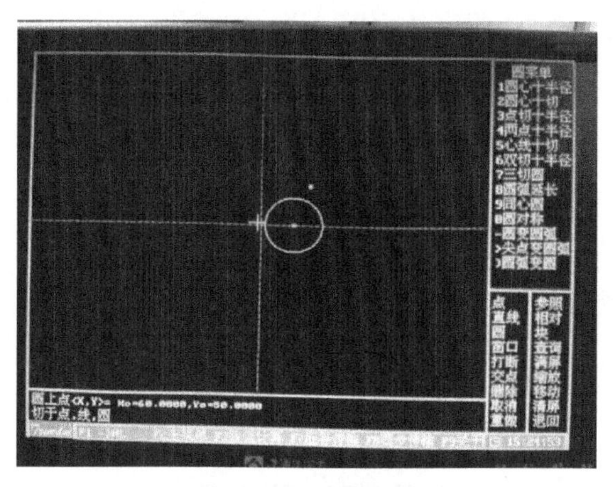


图 4-130　切圆选择

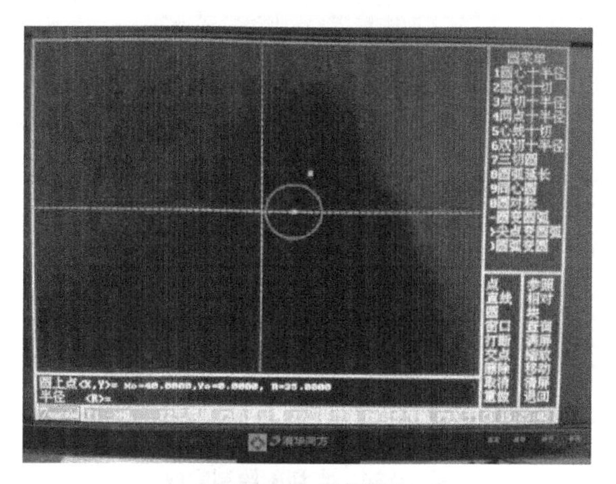


图 4-131　半径输入

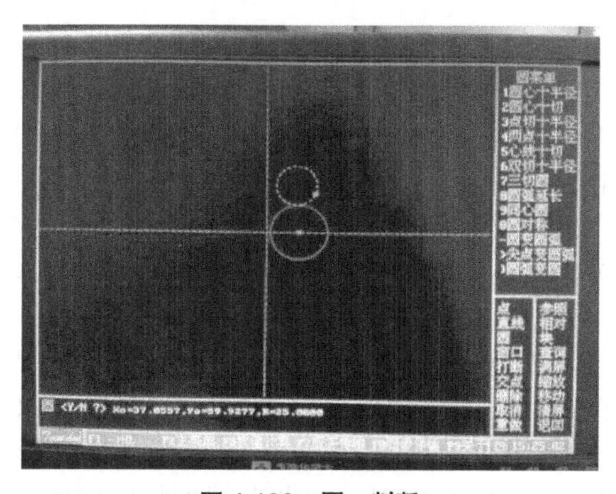


图 4-132　圆一判断

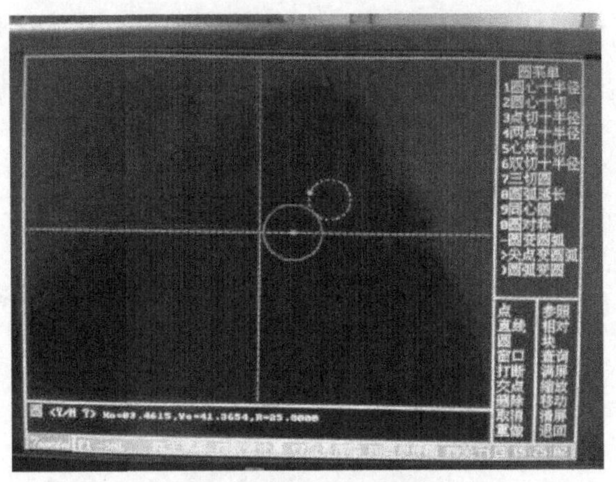


图 4-133　圆二判断

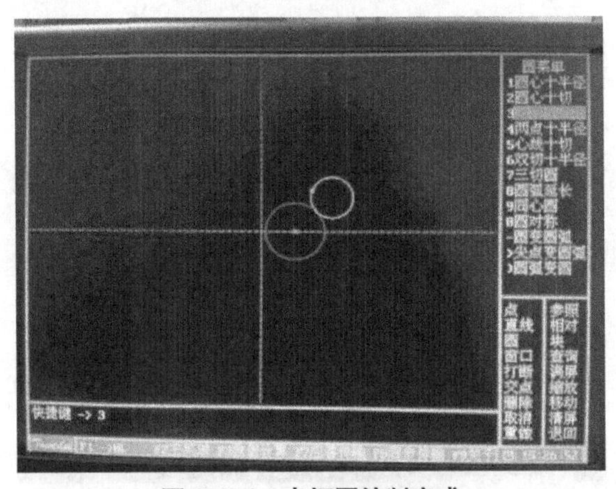


图 4-134　点切圆绘制完成

（4）两点 + 半径

选中“两点 + 半径”如图 4-135 所示，按“回车”键后会话区提示“点一 <X，Y>=”，输入“−60，75”并单击“回车”，窗口如图 4-136 所示，在会话区提示“点二 <X，Y>=”，输入“80，−10”并单击“回车”，窗口如图 4-137 所示，在会话区提示“半径 <R>=”，输入“90”并单击“回车”，窗口如图 4-138 所示，绘图区域出现一个过两点的虚线圆，同时会话区提示“圆（Y/N），$X_0$=29.3750，$Y_0$=64.4117，R=90.0000”，如果这个圆是想要得出的，那么就单击“Y”，否则单击“N”，如图 4-139 所示，在绘图区域显示出另一个过这两点的虚线圆，同时会话区提示“圆（Y/N），$X_0$=−9.3750，$Y_0$=8.5883，R=90.0000”，如果这个圆是想要得出的，那么就单击键盘“Y”，否则单击键盘“N”，如图 4-140 所示，在绘图区域显示出又一个过已知两点且符合要求的圆弧，同时会话区提示“圆弧（Y/N），$X_0$=−9.3750，$Y_0$=8.5883，R=90.0000”，如果这个圆弧是想要得出的，那么就单击

“Y”，否则单击“N”，如图 4-141 所示，在绘图区域显示出另一个圆弧，同时会话区提示“圆弧（Y/N），$X_0$=−9.3750，$Y_0$=8.5883，R=90.0000”，如果这个圆弧是想要得出的话，单击“Y”，如图 4-142 所示，即可将该圆弧确定下来。

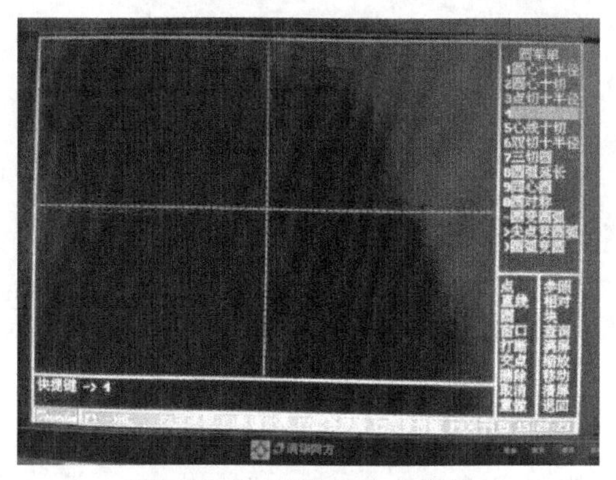

图 4-135　选中两点 + 半径

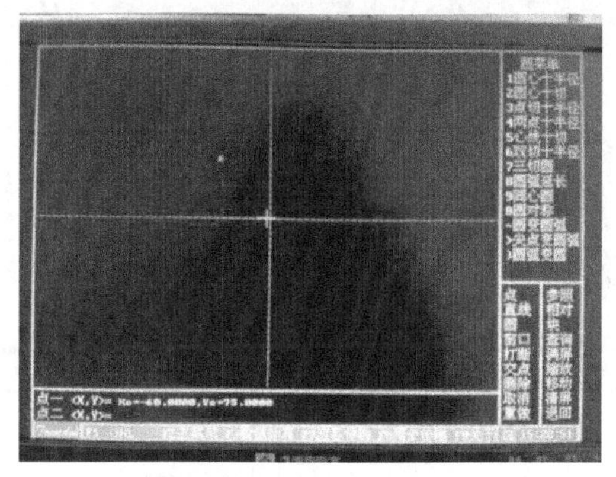

图 4-136　点一、二输入

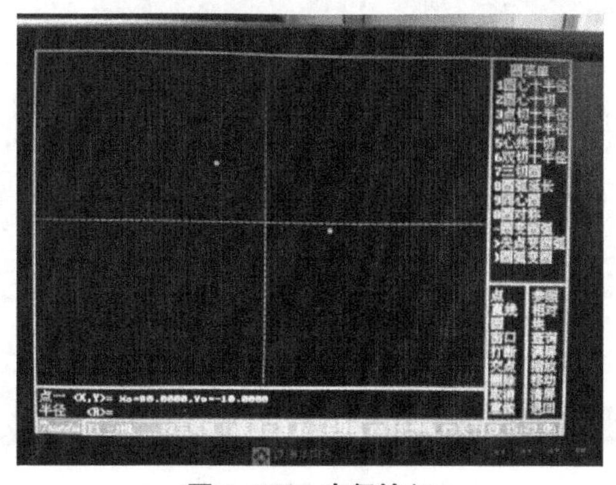

图 4-137　半径输入

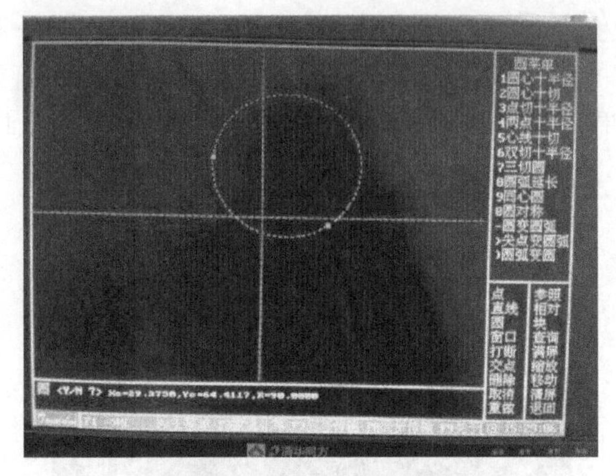


图 4-138　圆一判断

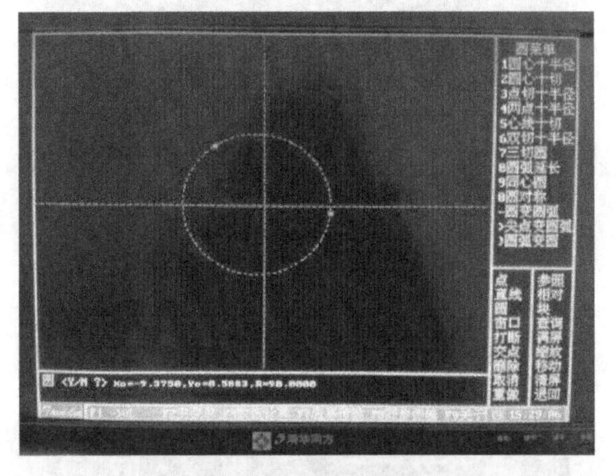


图 4-139　圆二判断

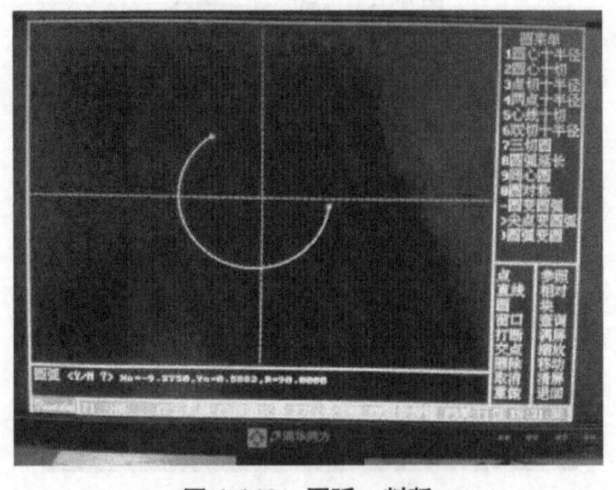


图 4-140　圆弧一判断

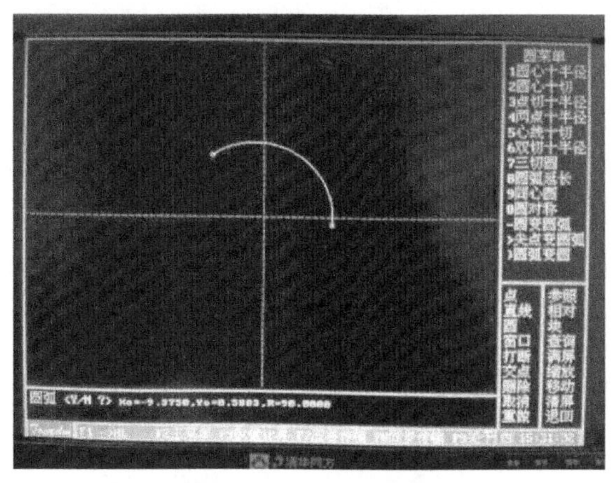


图 4-141　圆弧二判断

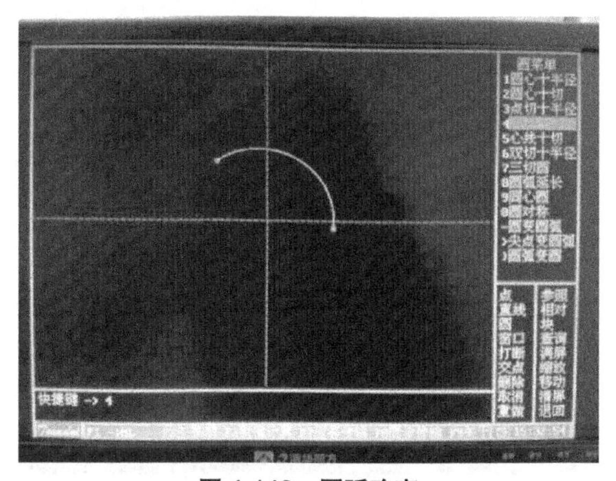


图 4-142　圆弧确定

（5）心线＋切

先利用圆的绘制方法绘制出圆心为“20，40”，半径为60的圆，再利用直线的绘制方法绘制出端点为（−50，−40）和（80，30）的直线，如图4-143所示。选中“心线＋切”并按“回车”键，窗口如图4-144所示，会话区提示“心线 =”，鼠标左键单击已绘制好的直线，窗口如图4-145所示，在会话区提示“切于点，线，圆”，单击鼠标左键选择绘制好的圆，如图4-146所示，会话区提示“半径 <R>=”，输入“30”，这时绘图区域出现了一个与已知圆相切且已知直线是过其圆心的一条线的虚线圆，如图4-147所示，同时会话区提示“圆（Y/N），$X_0$=109.7968，$Y_0$=46.0444，R=30.0000”，如果这个圆是想要得出的，那么就单击“Y”，否则单击“N”，如图4-148所示，在绘图区域显示出另一个符合要求的圆，同时会话区提示“圆（Y/N），$X_0$=−34.4757，$Y_0$=−31.6408，R=30.0000”，这时单击“Y”，即可将该圆确定下来，如图4-149所示。

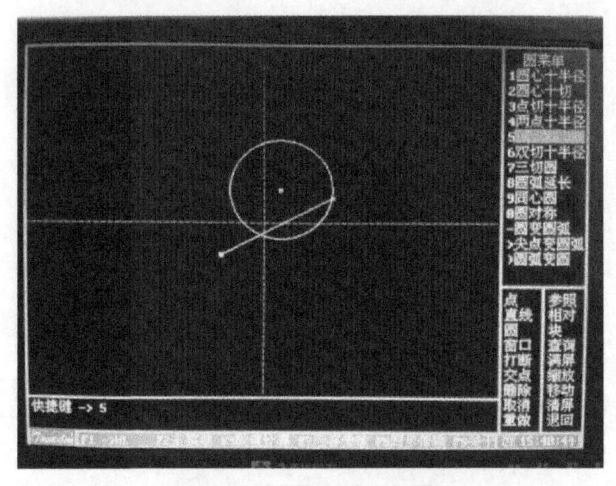

图 4-143 圆和直线绘制

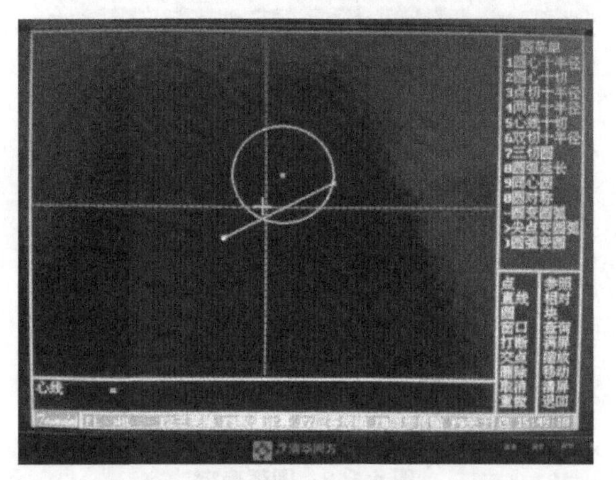

图 4-144 心线选择

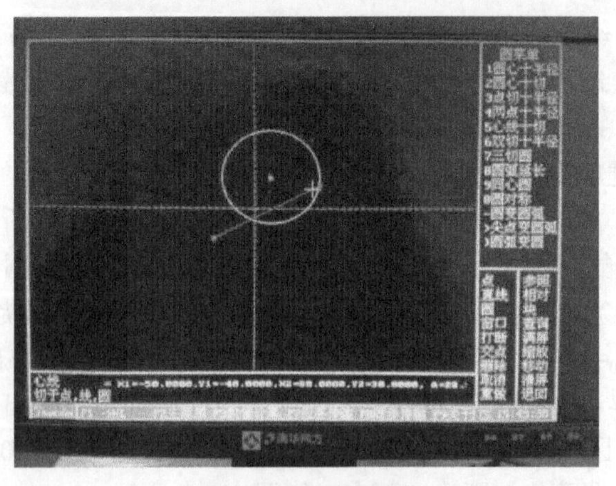

图 4-145 圆的选择

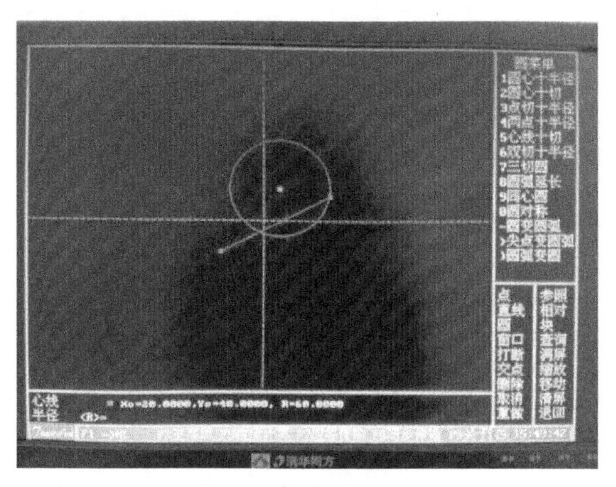


图 4-146　半径输入

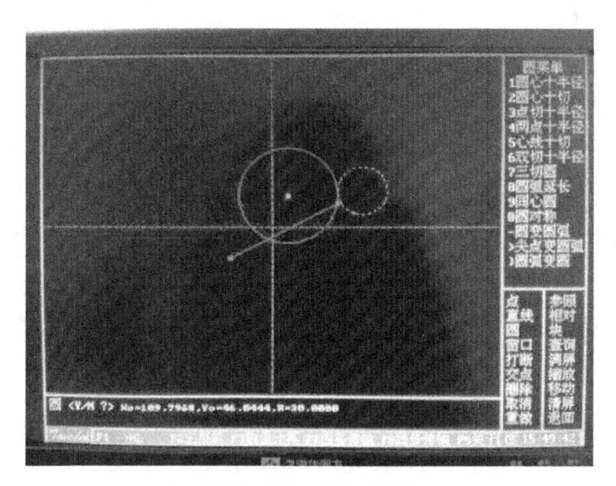


图 4-147　圆一判断

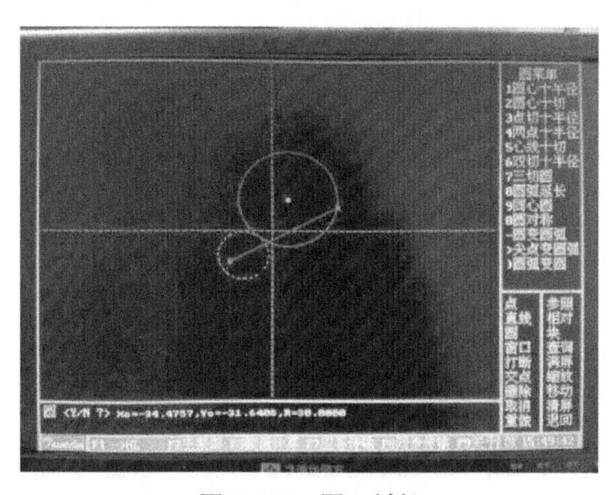


图 4-148　圆二判断

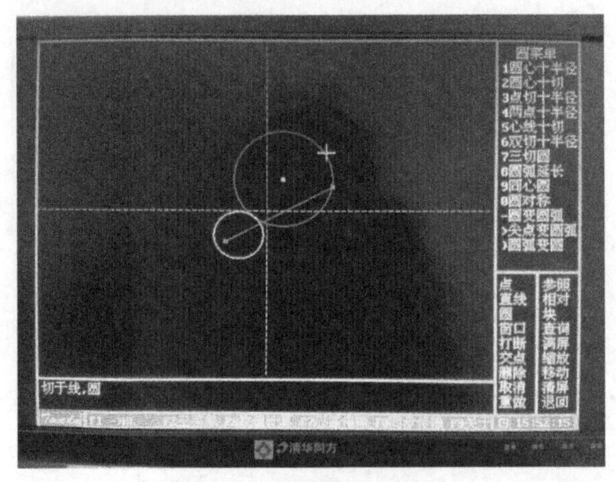


图 4-149 切圆绘制完成

（6）双切 + 半径

在图 4-149 的基础之上继续绘图。选中“双切 + 半径”，如图 4-150 所示。按“回车”键变为图 4-151 所示的窗口，会话区提示“切于线，圆”，用鼠标单击大圆，窗口如图 4-152 所示，会话区提示“切于线，圆”，鼠标左键单击小圆，如图 4-153 所示，会话区提示“半径 <R>=”，输入“45”，这时在绘图区域出现了一个与两个圆都外切的虚线圆，如图 4-154 所示，同时会话区提示“圆（Y/N），$X_0$=33.0980，$Y_0$=−64.1799，R=45.0000”，如果这个圆是想要得出的，那么就单击“Y”，否则单击“N”，如图 4-155 所示，在绘图区域显示出另一个与两个圆都外切且符合要求的虚线圆，同时会话区提示“圆（Y/N），$X_0$=−83.8908，$Y_0$=24.7786，R=45.0000”，如果这个圆是想要得出的，那么就单击“Y”，否则单击“N”，如图 4-156 所示，在绘图区域显示出一个与大圆内切且与小圆外切的虚线圆，同时会话区提示“圆（Y/N），$X_0$=10.9207，$Y_0$=28.0599，R=45.0000”

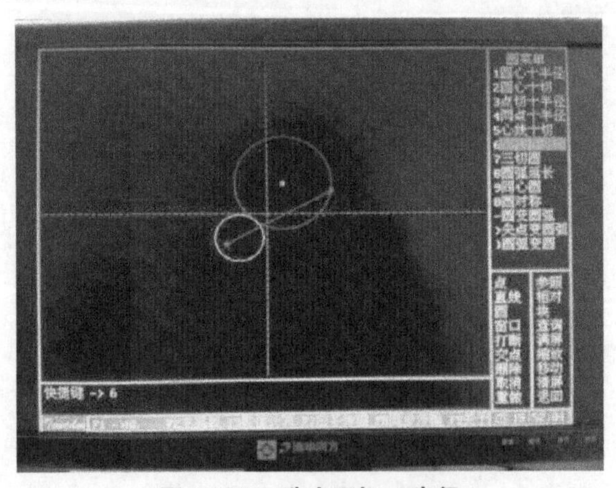


图 4-150 选中双切 + 半径

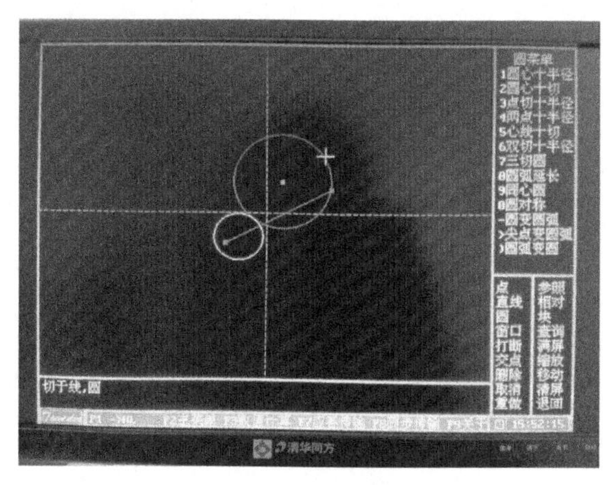


图 4-151　圆一选择

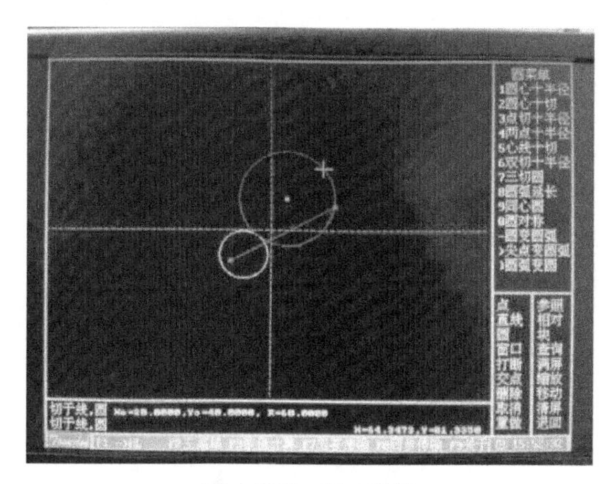


图 4-152　圆二选择

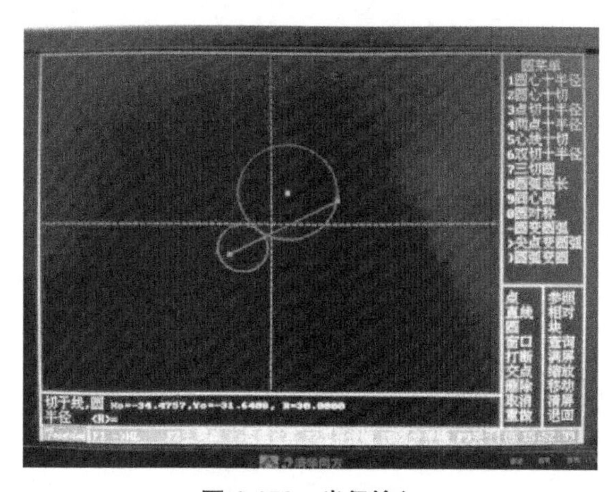


图 4-153　半径输入

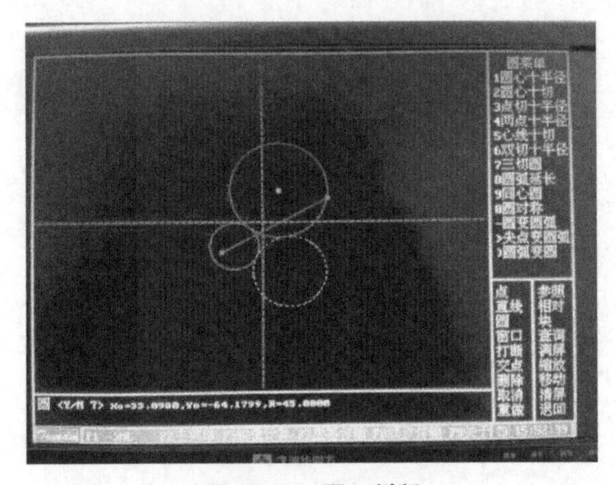


图 4-154 圆一判断

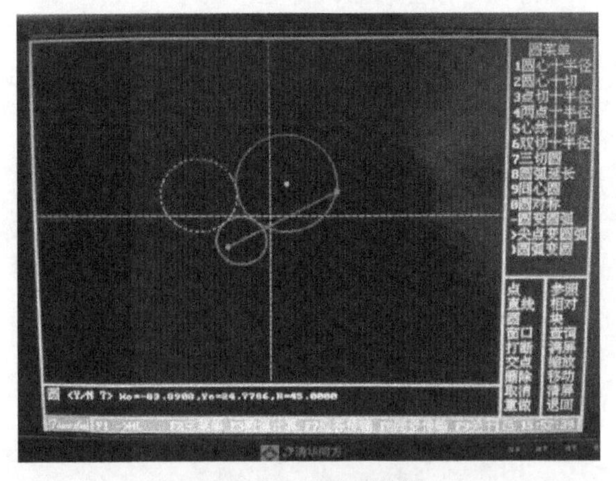


图 4-155 圆二判断

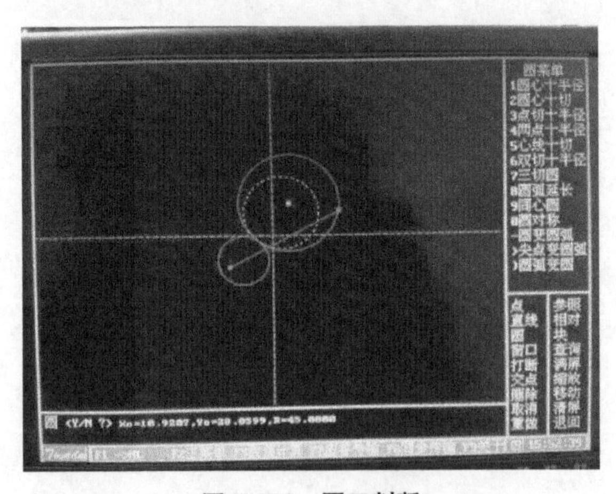


图 4-156 圆三判断

如果这个圆是想要得出的，那么就单击“Y”，否则单击“N”，如图 4-157 所示，在绘图区域显示出另一个与大圆外切且与小圆内切的虚线圆，同时会话区提示“圆（Y/N），$X_0$=−43.5550，$Y_0$=−43.5809，R=45.0000”，这时单击“Y”，即可将该圆确定下来。如图 4-158 所示。

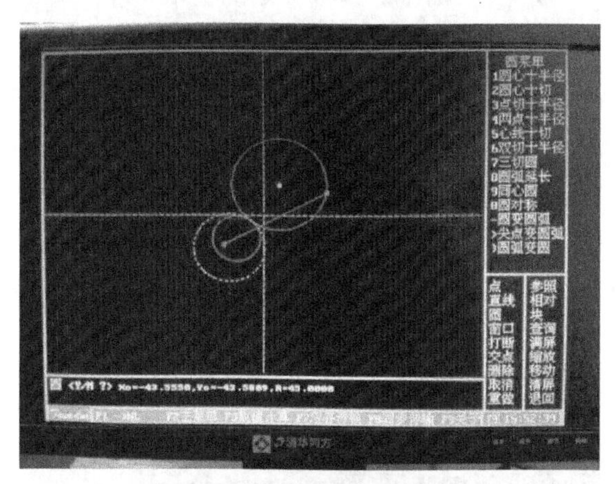

图 4-157　圆四判断

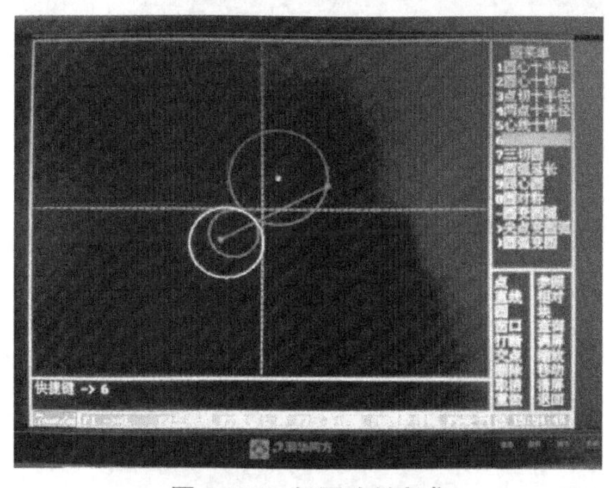

图 4-158　切圆绘制完成

（7）三切圆

在图4-158的基础之上继续绘图。选中“三切圆”窗口如图4-159所示。按“回车”键变为图 4-160 所示的窗口，会话区提示“点，线，圆，弧一”，单击鼠标左键选择大圆，窗口如图 4-161 所示，在会话区提示“点，线，圆，弧二”，单击鼠标左键选择已知直线，窗口如图 4-162 所示，在会话区提示“点，线，圆，弧三”，单击鼠标左键选择黄色的小圆，如图 4-163 所示，这时在绘图区域出现了一个与两个圆都外切且与已知直线也相切的虚线圆，同时会话区提示“圆（Y/N），

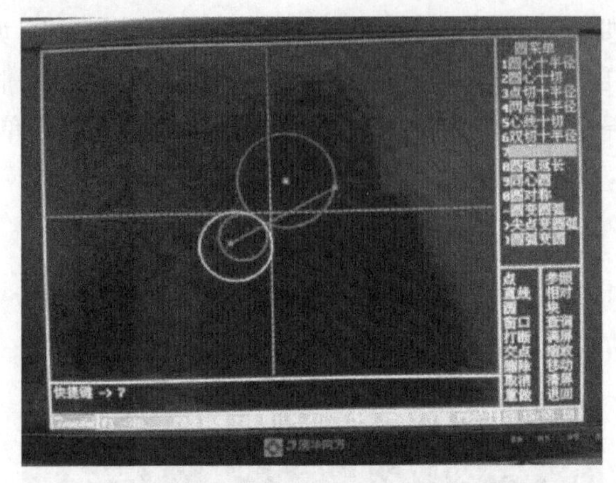


图 4-159　选中三切圆

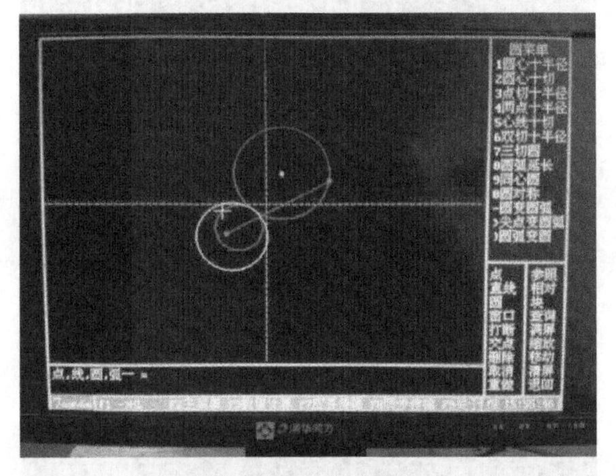


图 4-160　选择圆一

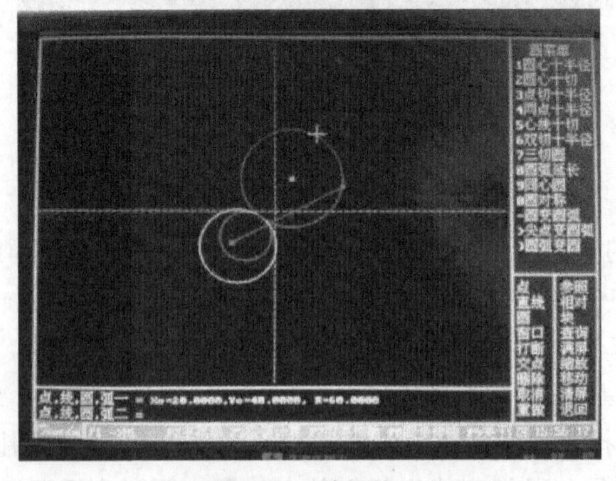


图 4-161　选择线一

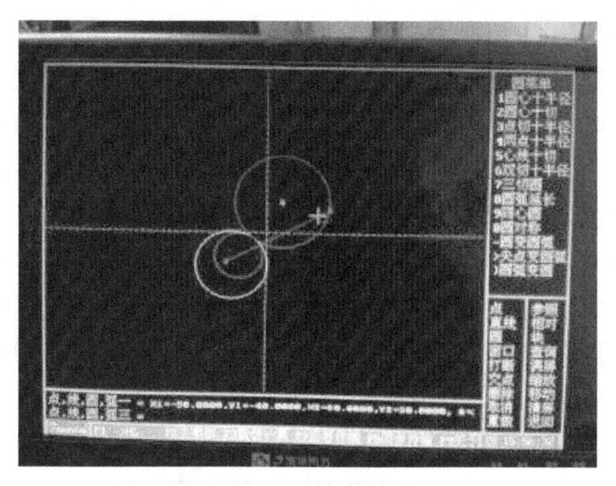


图 4-162　选择圆二

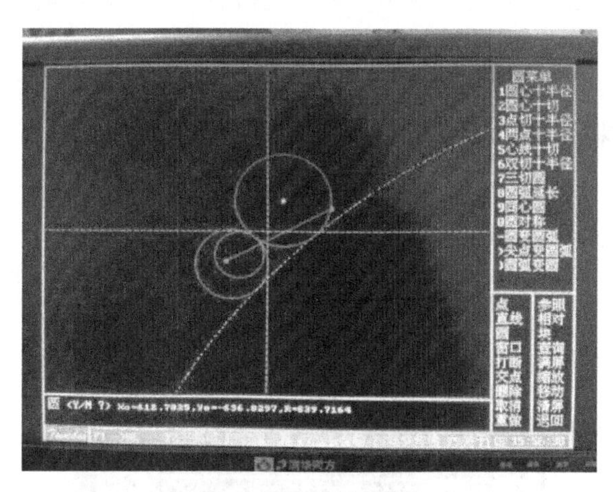


图 4-163　圆一判断

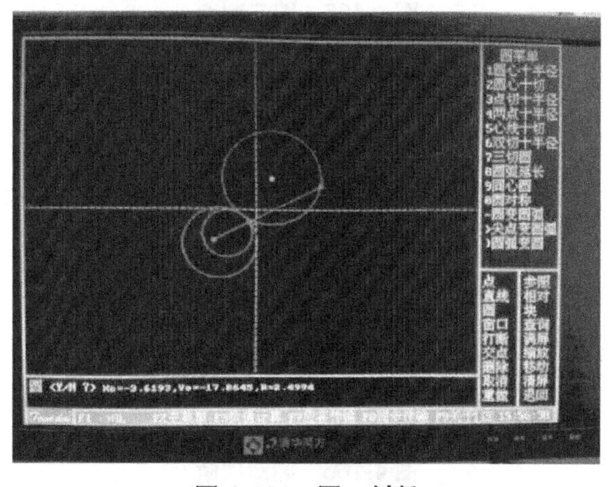


图 4-164　圆二判断

$X_0$=612.7825，$Y_0$=−636.8297，R=839.7164”，如果这个圆是想要得出的，那么就单击键盘键“Y”，否则单击键盘键“N”，如图 4-164 所示，在绘图区域显示出另一个符合要求的虚线圆，同时会话区提示“圆（Y/N），$X_0$=−3.6193，$Y_0$=−17.8645，R=2.4994”，如果这个圆是想要得出的，那么就单击“Y”，否则单击“N”，如图 4-165 所示，在绘图区域显示出又一个符合要求的虚线圆，同时会话区提示“圆（Y/N），$X_0$=−21.6328，$Y_0$=−14.7511，R=8.7820”，如果这个圆是想要得出的，那么就单击“Y”，否则单击“N”，如图 4-166 所示，在绘图区域显示出又一个与两个圆都外切且符合要求的虚线圆，同时会话区提示“圆（Y/N），$X_0$=−6.8646，$Y_0$=−15.1972，R=1.3876”，如果这个圆是想要得出的，那么就单击“Y”，否则单击“N”，如图 4-167 所示，在绘图区域显示出又一个符合要求的虚线圆，同时会话区提示“圆（Y/N），$X_0$=−368.4186，$Y_0$=−195.6489，R=358.4442”，如果这个圆是想要得出的，那么就单击“Y”，否则单击“N”，如图 4-168 所示，在绘图区域显示出又一个与大圆内切、与小圆外切且符合要求的虚线圆，同时会话区提示“圆（Y/N），$X_0$=−3.4938，$Y_0$=9.1033，R=21.1855”，这时单击“Y”，即可将该圆确定下来。如图 4-169 所示。

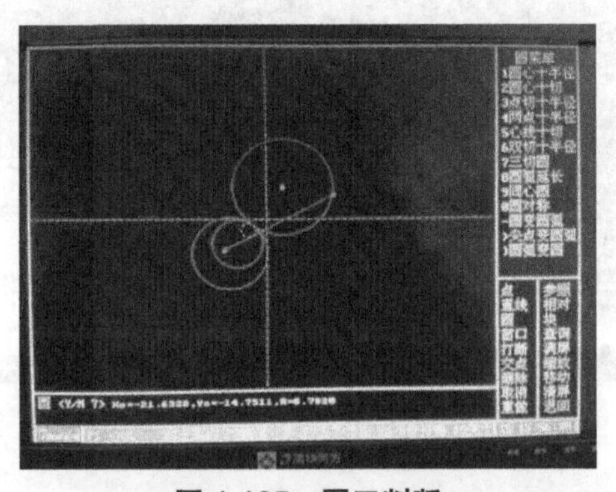

图 4-165 圆三判断

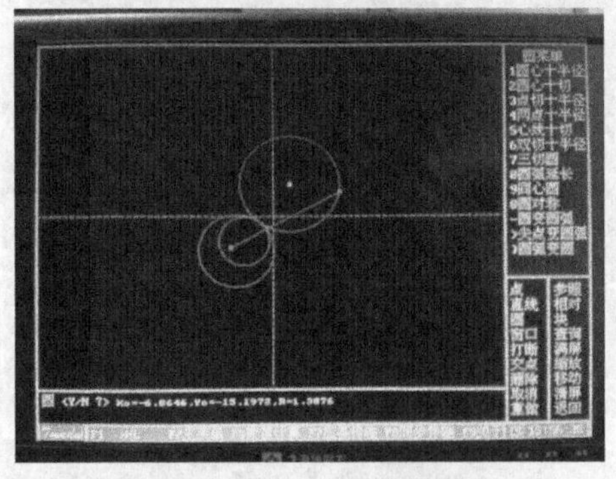

图 4-166 圆四判断

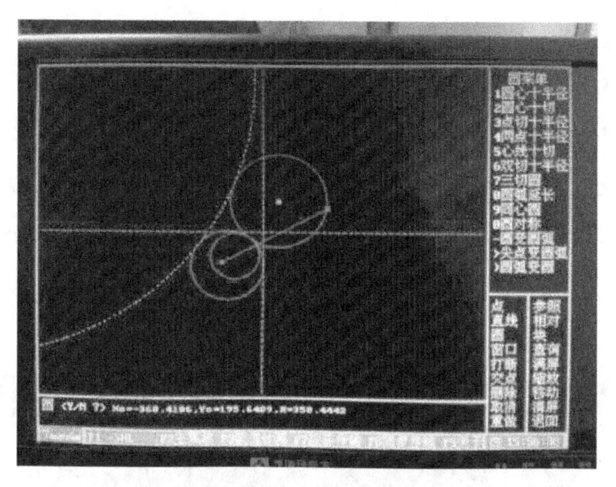


图 4-167 圆五判断

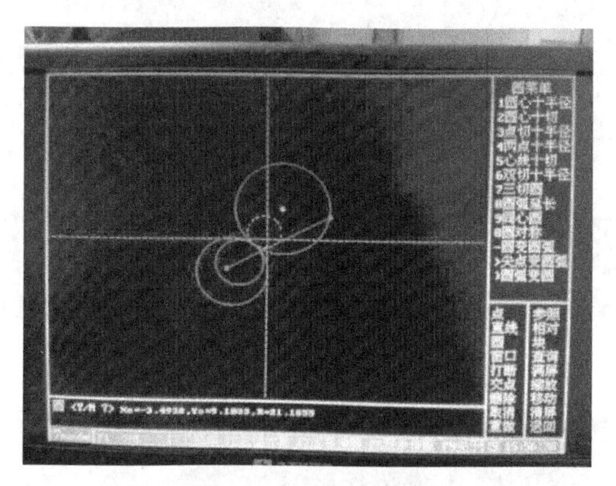


图 4-168 圆六判断

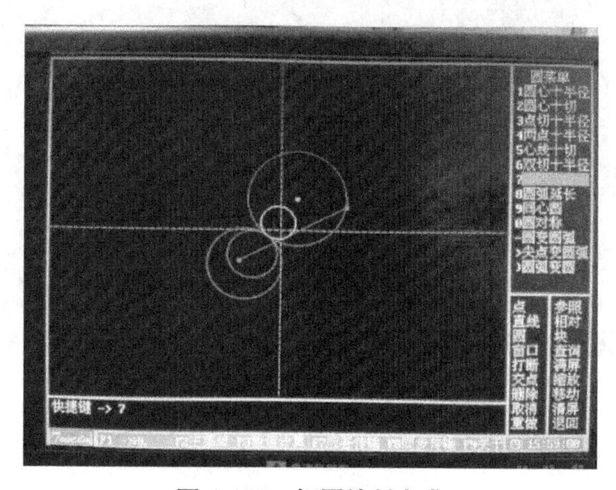


图 4-169 切圆绘制完成

（8）圆弧延长

在图 4-142 的基础之上继续绘图，选中“圆弧延长”如图 4-170 所示，按“回车”键窗口图 4-171 所示，会话区提示“圆弧=”，用鼠标单击圆弧，窗口如图 4-172 所示，会话区提示“交于线，圆，弧”，利用直线画法作出端点为（−200，10）和（100，−40）的直线，并单击鼠标左键选择，如图 4-173 所示，窗口就展现出了延长后的圆弧。

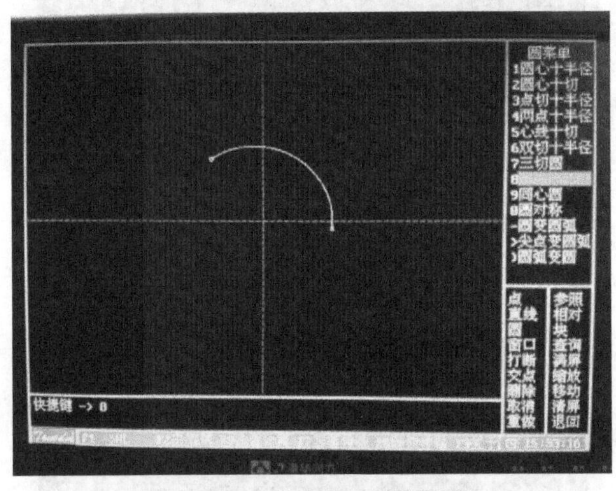


图 4-170　选中要延长的圆弧

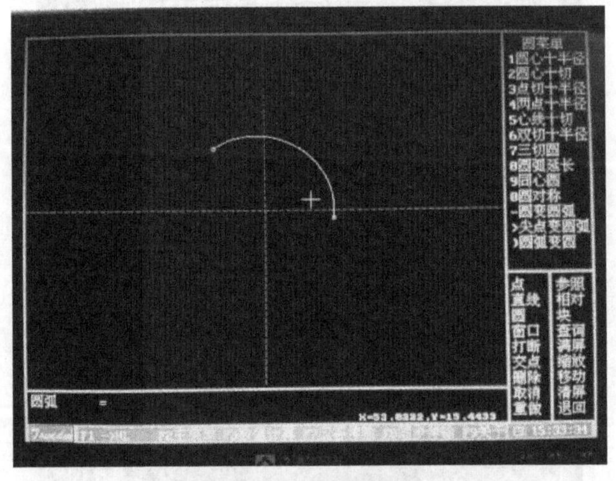


图 4-171　圆弧选择

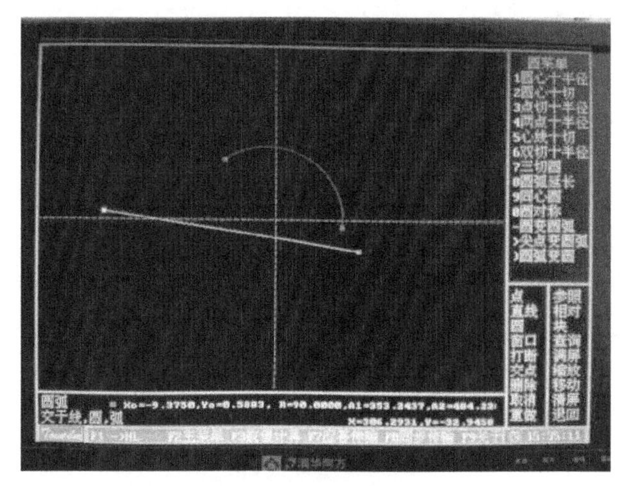


图 4-172　直线选择

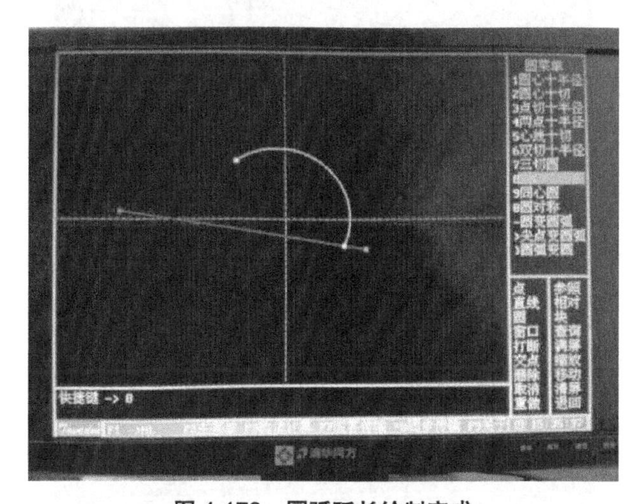


图 4-173　圆弧延长绘制完成

（9）同心圆

先利用圆的绘制方法绘制出圆心点坐标为（−80，−60），半径为 60 的圆，如图 4-174 所示。选中“同心圆”并按“回车”键，窗口如图 4-175 所示，会话区提示“圆，圆弧 =”，单击鼠标左键选择绘制好的圆，如图 4-176 所示，在会话区提示“偏移值 <D>=”，输入“20”并单击“回车”，如图 4-177 所示，在绘图区域显示出一个偏移 20 的圆。

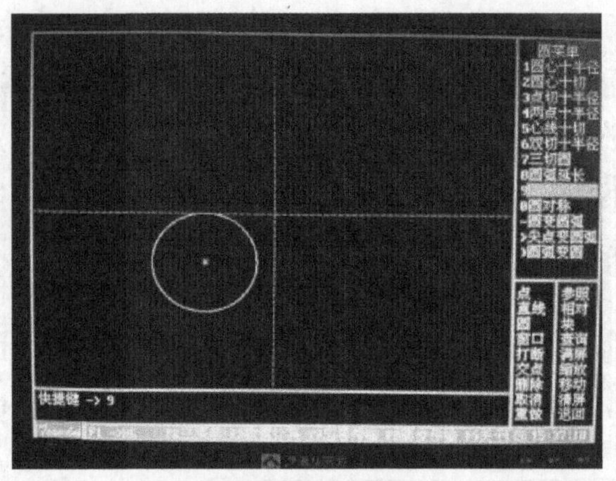


图 4-174 圆绘制

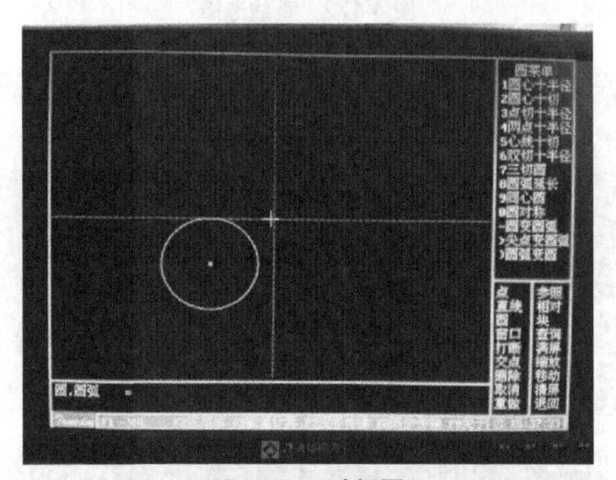


图 4-175 选择圆

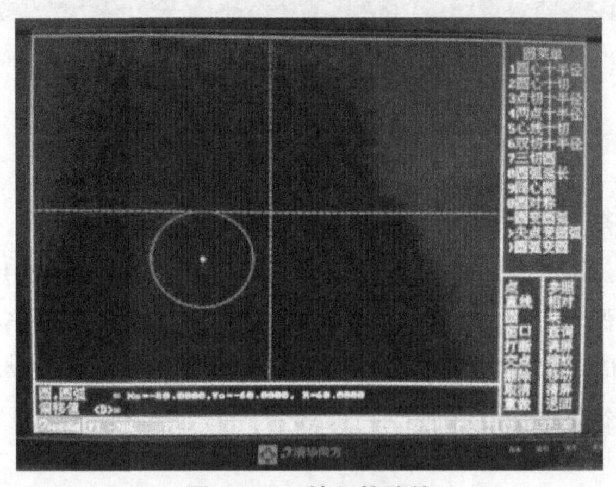


图 4-176 输入偏移值

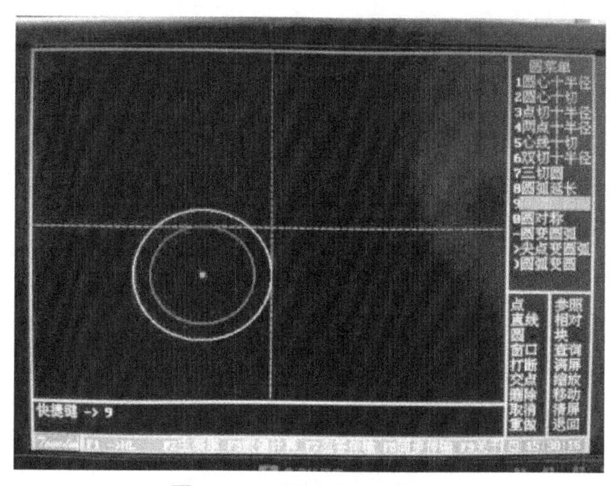


图 4-177 同心圆绘制完成

（10）圆对称

先利用圆的绘制方法绘制出圆心点坐标为（−80，−60），半径为60的圆，又利用直线的绘制方法绘制出端点为（−90，20）和（90，−10）的直线，如图4-178所示。选中“圆对称”并按“回车”键，窗口图4-179所示，会话区提示“圆，圆弧 =”，单击鼠标左键选择已绘制好的圆，如图4-180所示，在会话区提示“对称于直线”，单击鼠标左键选择已绘制好的直线，如图4-181所示，在绘图区域显示出对称后的圆。

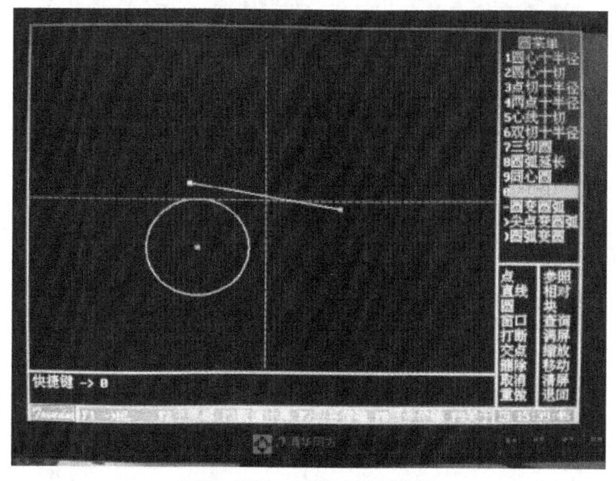


图 4-178 圆和直线绘制

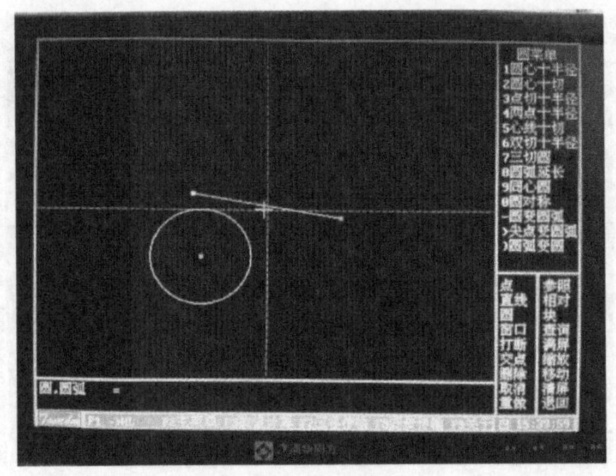


图 4-179 圆选择

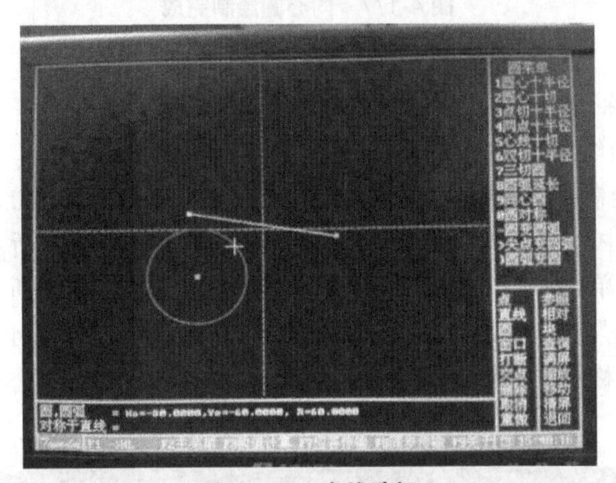


图 4-180 直线选择

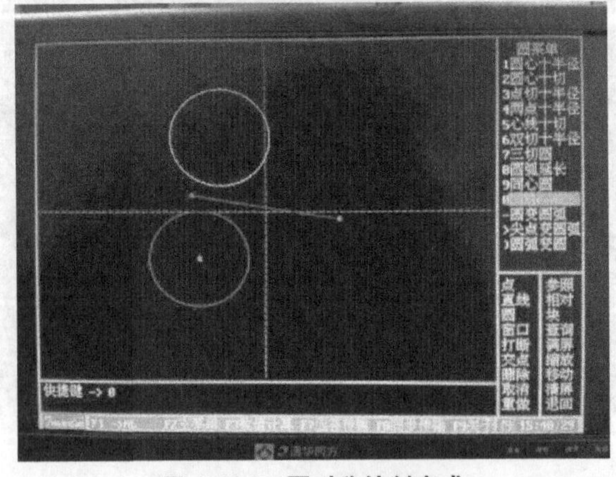


图 4-181 圆对称绘制完成

# 复杂曲线的建模及 DXF 文件输出

在线切割编程过程中，复杂曲线建模是非常重要的。复杂曲线的建模、生成、编辑、生成 3B 程序代码、列表曲线的拟合，都是研究复杂曲线编程过程中的关键点。通常情况下为了生成二维模型大部分采用 AutoCAD，但是 AutoCAD 只有生成的“DXF”格式文件（图形交换文件）才能被其他编程软件所识别，而 CAXA 线切割 XP 软件对于 AutoCAD 所生成的“DXF”格式文件读取精度较高，更便于生成 3B 程序。所以，本书在第 5 章和第 6 章介绍复杂曲线建模以及基于 CAXA 线切割的轨迹仿真和程序生成。

## 5.1 复杂曲线

### 5.1.1 参数曲线的定义

参数曲线是一条三维曲线用一系列的参数来确定的有界点集，可用一个带参数的、连续的、单值的数学函数表示，其形式为：

$$x=x(t), y=y(t), z=z(t), \quad 0<t<1$$

### 5.1.2 位置矢量

以曲线上各个点的坐标来表示曲线的位置矢量，$Q(t)=[x(t), y(t), z(t)]$，对 $t$ 的值进行实时采集就能得到曲线上各个点的信息，从而便于对曲线进行建模。如果已知曲线上三点 $A[x(t_0), y(t_0), z(t_0)]$、$B[x(t_1), y(t_1), z(t_1)]$、$C[x(t_2), y(t_2), z(t_2)]$ 的坐标，分别表示出来，如图 5-1 所示，这样曲线上各点的信息就通过位置矢量的形式体现出来了。

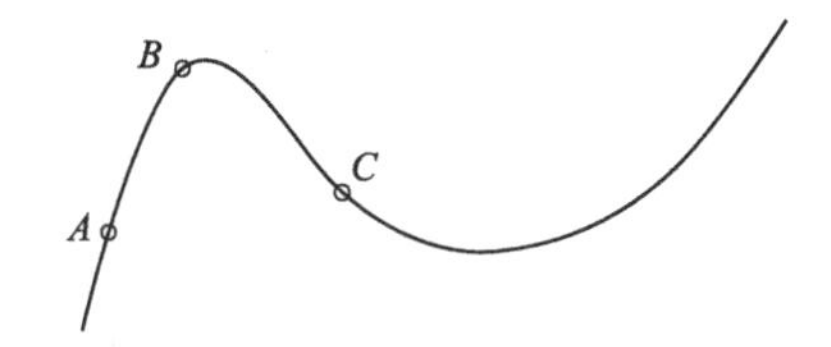


图 5-1 位置矢量表示

### 5.1.3 切矢量

切矢量是指用曲线上某点的切向量来表示该点的信息，如图5-2所示，若曲线上$A$、$B$两点的参数分别是$t$和$t+\Delta t$，矢量$\Delta Q=Q(t+\Delta t)-Q(t)$，其大小以连$AB$的弦长表示。如果曲线是在$A$处有确定的切线，则当$B$趋于$A$即$\Delta t\to 0$时$\lim_{\Delta t\to 0}\Delta Q$的值就近似为$A$点的切向量，导数矢量$\mathrm{d}Q/\mathrm{d}t$的方向趋于该点的切线方向。这时，根据$A$点的切矢量可以判定出该曲线在$A$点的具体信息，这样，一条直线上所有的点都被切矢量所表示。

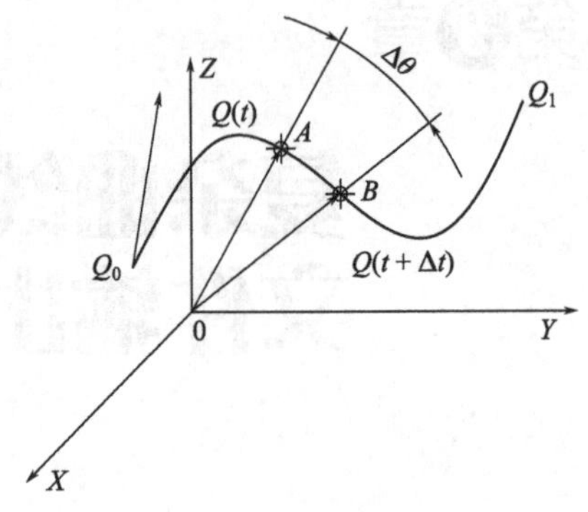


图5-2 曲线的矢量图

### 5.1.4 曲率

对于一条复杂的曲线，我们也可以采用求出各个点处的曲率半径的方法将其包络出来，一条曲线我们只要知道它的方程，在一定的区间内我们给出拾取的精度，就可以用一系列的圆弧的连接表示这条曲线。

那么关于曲率的求解又是怎样的呢？通过高等数学所学的知识，对曲线的曲率进行简单的推导，过程如下：

设曲线$C$是光滑的，在曲线$C$上选定$M_0$作为度量弧$s$的基点。设曲线上点$M$对应圆弧$s$，在点$M$处切线的倾角为$\alpha$，曲线上另一点$M'$对应于弧$s+\Delta s$，在点$M'$处切线的倾角为$\alpha+\Delta\alpha$，那么，弧长$\widehat{MM'}$的长度为$\Delta s$，当动点从$M$移动到$M'$时切线转过的角度为$\Delta\alpha$，如图5-3所示。

用比值$\dfrac{\Delta\alpha}{\Delta s}$，即单位弧长上切线转过的角度的大小来表达弧段$\widehat{MM'}$的平均弯曲程度，把这比值叫做弧段$\widehat{MM'}$的平均曲率，并记作$\overline{K}$，即

$$\overline{K}=\frac{\Delta\alpha}{\Delta s} \tag{5.1}$$

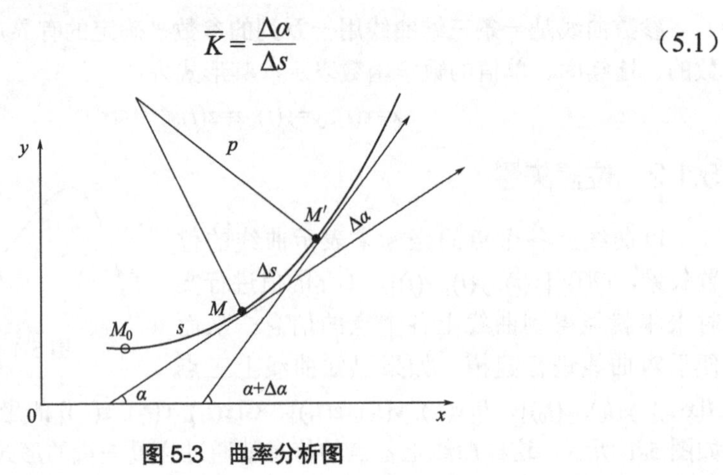


图5-3 曲率分析图

类似于从平均速度引进瞬时速度的方法，当 $\Delta s \to 0$ 时，（即 $M' \to M$ 时），上述平均曲率的极限叫做曲线 $C$ 在点 $M$ 处的曲率，记作 $K$，即

$$K=\lim_{\Delta s \to 0}\frac{\Delta\alpha}{\Delta s} \tag{5.2}$$

在 $\lim_{\Delta s \to 0}\frac{\Delta\alpha}{\Delta s}=\frac{d_\alpha}{d_s}$ 存在的条件下，$K$ 也表示为

$$K=\frac{d_\alpha}{d_s} \tag{5.3}$$

由于

$$\frac{\Delta\alpha}{\Delta s}=\frac{\frac{\Delta s}{\rho}}{\Delta s}=\frac{1}{\rho}$$

从而

$$K=\frac{1}{\rho} \to \rho=\frac{1}{K} \quad （\rho\text{ 为曲率半径}） \tag{5.4}$$

设参数方程

$$X=x(t)$$

$$Y=y(t)$$

$$K=\frac{|x'(t)y''(t)-x''(t)y'(t)|}{[x'^2(t)+y'^2(t)]^{3/2}} \tag{5.5}$$

这样任意一条曲线，只要能将其参数方程写出就可以求其各点的曲率，就可以得到曲率半径，也就能得到一系列的圆弧，用这些圆弧来拟合这条曲线，也就完成了曲线的建模。

# 5.2　非圆曲线拟合

在应用研究曲线建模时，首先需要了解的几个术语：插值法、拟合法、逼近法和光顺法，这些方法在曲线建模的过程中起到决定性作用。

## 5.2.1　插值法

插值法是函数逼近过程中的重要方法。如给定函数 $F(x)$ 在区间 $[a,b]$ 中互异的 $n$ 个点的值 $F(x_i),i=1,2,\cdots,n$，基于这个列表数据，寻找某一个函数 $G(x)$ 去逼近 $F(x)$。若要求 $g(x)$ 在 $x_i$ 处与 $F(x_i)$ 相等，就称这样的函数逼近问题为插值问题。

（1）线性插值

假设给定函数 $f(x)$ 在两个不同点 $x_1$ 和 $x_2$ 的值，$y_1=f(x_1)$，$y_2=f(x_2)$，现在要求用一个线性函数 $y=g(x)=ax+b$，近似代替 $y=f(x)$；选择线性函数的系数 $a$、$b$ 使得 $g(x_1)=y_1$、$g(x_2)=y_2$，则称 $g(x)$ 为 $f(x)$ 的线性插值函数，如图 5-4 所示。

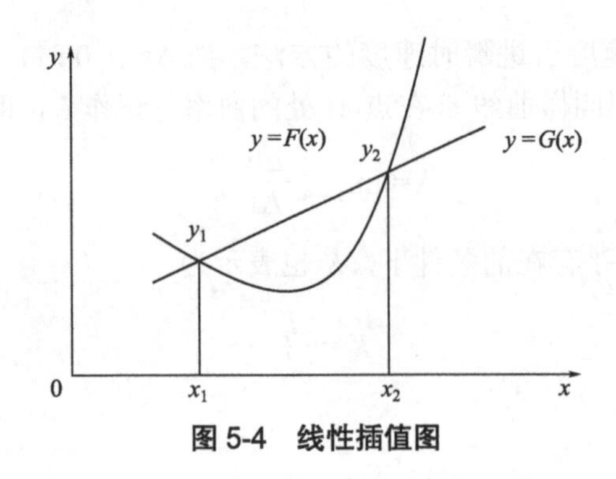


图 5-4　线性插值图

（2）抛物线插值

抛物线插值又称之为二次插值。设已知 $F(x)$ 在三个互异点 $x_1$、$x_2$、$x_3$ 的函数值为 $y_1$、$y_2$、$y_3$，要求构造一个函数 $G(x)=ax^2+bx+c$，使得 $G(x)$ 在节点 $x_i$ 处与 $F(x)$ 在 $x_i$ 处的值相等。由此可构造 $G(x_i)=F(x_i)=y_i$（$i=1$，2，3）的线性方程组，求得 $a$、$b$、$c$ 即构造了 $G(x)$ 插值函数。

## 5.2.2　逼近法

插值法必须已知曲线上的一系列点（插值点）的值，但当一条曲线包含的插值点太多时，构造插值函数使其通过所有的插值点是相当困难的。客观地讲，由于过多的插值点也会有误差，也没有必要寻找一个插值函数通过所有的插值点。逼近的方法很多，最常用的是最小二乘法。假设已知一组插值点（$x_i, y_i$）$i=1,2,\cdots,n$，要求构造一个 $m(m<n-1)$ 次多项式函数 $Y=F(x)$ 逼近这些插值点。逼近的好坏常用各点偏差的平方和最小。

$$\phi=\sum_{k=1}^{n} d_k\left[F(x_k)-y_k\right]^2 \tag{5.6}$$

其中 $d_k$ 是权因子，对可靠的点赋以较大的比重，一般 $d_k>0$, $k=1,2,\cdots,n$。令 $F(x)$ 为一个 $m$ 次多项式

$$F(x)=\sum_{j=0}^{n} a_j x^j \tag{5.7}$$

这里的最小二乘问题就是要定出系数 $a_j$，使偏差平方和式达到最小。

$$\phi(a_j)=\sum_{k=1}^{n} d_k\left[F(x_k)-y_k\right]^2 \tag{5.8}$$

根据求极值问题可知，使 $\phi(a_j)$ 达到最小的 $a_j$, $j=0,1,2,\cdots,m$, 对 $\phi(a_j)$ 求导，解方程组即可。

## 5.2.3　光顺法

光顺通俗的含义是指曲线的拐点不能太多，曲线的光滑程度较高，不能拐来

拐去，看起来要顺畅。对于平面曲线相对光顺的条件应该是：

① 具有二阶几何连续；

② 不存在多余拐点和奇异点；

③ 曲率变化较小。

### 5.2.4　拟合法

拟合并不同于上面所说的插值、逼近、光顺那样有完整的定义和数学表述方式，拟合主要是针对曲线、曲面的设计，使用插值和逼近可以自动生成所要的曲线，而且生成的曲线光滑程度较高，在各个点都有连续的导数，而且其曲率也是连续的。

## 5.3　复杂曲线的建模方法

自由曲线生成是CAD绘图设计中比较关键的一步。自由曲线生成比其他曲线的生成复杂得多，它涉及自由曲线造型方法的选择和自由曲线的最终生成。自由曲线的生成是系统关键技术，也是难点。

公式曲线的生成，主要是靠CAD的二次开发、CAXA线切割XP的公式曲线、Matlab对复杂曲线的编程绘制。公式曲线的绘制原理主要是采用有界范围内描点绘图，通过参数的输入在软件中自行生成程序语言，同时在执行命令的过程中大量的点阵生成最终在软件的绘图窗口输出这一系列点的集合，从而实现公式绘图。

### 5.3.1　NUBRS曲线建模方法

NURBS方法是为了解决自由型曲线曲面描述的B样条方法相统一的、又可以准确表示二次曲线弧与二次曲面生成的数学方法而提出的。它采用统一数学模型进行表示初等解析曲线、曲面还有有理与非有理Bezier、非有理B样条曲线、曲面以及二次曲线与二次曲面等。解析形状还是自由格式的形状均用统一的表示参数，便于工程数据库的存取和应用。NURBS曲线方程的表示有多种，其中三种表示形式较常使用。

（1）有理分式表示形式

一条$k$次NURBS曲线表示为有理多项式矢函数：

$$P(u)=\frac{\sum_{i=0}^{n}\omega_i d_i n_{i,k}(u)}{\sum_{i=0}^{n}\omega_i n_{i,k}(u)} \tag{5.9}$$

$\omega_i$称为权或权因子，与控制顶点$d_i$相联系；$N_{i,k}(u)$是节点矢量$U=[u_0, u_1,\cdots, u_{n+k+1}]$按德布尔-考克斯递推公式决定的$k$次规范B样条基函数。

（2）有理基函数表示

公式（5.9）可改为如下等价的形式：

$$P(u)=\sum_{i=0}^{n}d_i R_{i,k}(u) \tag{5.10}$$

$$R_{i,k}(u)=\frac{\omega_i n_{i,k}(u)}{\sum_{i=0}^{n}\omega_j n_{j,k}(u)} \tag{5.11}$$

$R_{i,k}(u)$，$i=0,1,\cdots,n$ 称为 $k$ 次有理基函数。

（3）齐坐标表示

NURBS 曲线的齐坐标表示就是高一维空间里它的控制顶点的齐次坐标或带权控制点所定义的非有理 B 样条曲线在 $\omega=1$ 超平面上中心投影。

以上给出的是 NURBS 曲线最基本的三种表示，在实际应用中还要根据实际的需要，选择恰当的 NURBS 曲线算法。

## 5.3.2 CAXA 线切割 XP 对公式曲线建模

CAXA 线切割 XP 是专门针对线切割机床生成 3B 程序而开发的一款软件，它具有对一些基本简单图形的绘制功能，同时对一些复杂的公式曲线也可以完成绘制，下面介绍一些公式曲线的绘制。

（1）笛卡叶形线

曲线方程：

$$X(t)=\frac{3\times 100\tan(t)}{1+\tan(t)^3}\text{（}-35^\circ<t<125^\circ\text{，精度为 0.1mm）} \tag{5.12}$$

$$Y(t)=\frac{3\times 100\tan(t)^2}{1+\tan(t)^3} \tag{5.13}$$

如图 5-5 所示。

图 5-5 笛卡叶形线

（2）渐开线

曲线方程：

$X(t)=6[\cos(t)+t\sin(t)]$（$0<t<6$，精度为 0.1mm）　（5.14）

$Y(t)=6[\sin(t)-t\cos(t)]$　（5.15）

如图 5-6 所示。

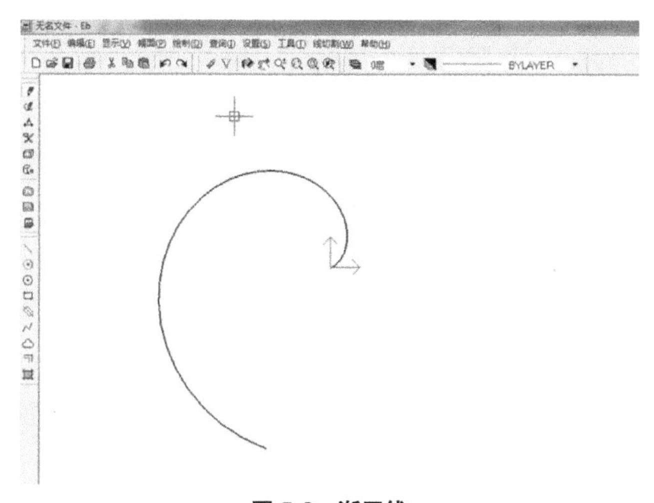


图 5-6　渐开线

（3）心形线

曲线方程：

$X(t)=50\cos(t)\cdot[1+\cos(t)]$（$0^\circ<t<360^\circ$，精度为 0.1mm）　（5.16）

$Y(t)=50\sin(t)\cdot[1+\cos(t)]$　（5.17）

如图 5-7 所示。

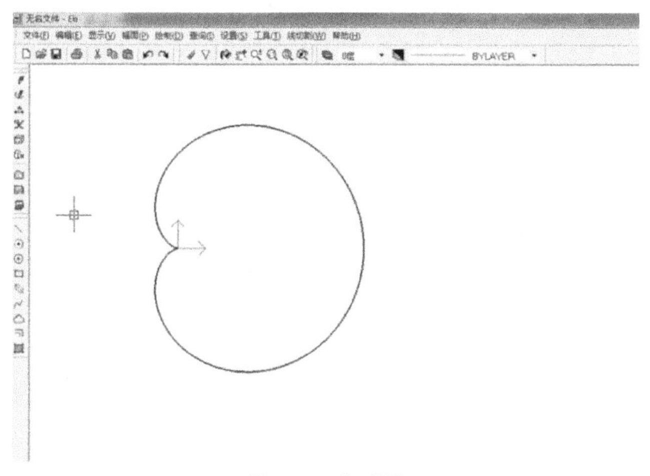


图 5-7　心形线

（4）玫瑰线

曲线方程：

$$X(t)=t \qquad (5.18)$$

$$Y(t)=40\sin(4t) \quad （0°<t<360°，精度为 0.1mm） \qquad (5.19)$$

如图 5-8 所示。

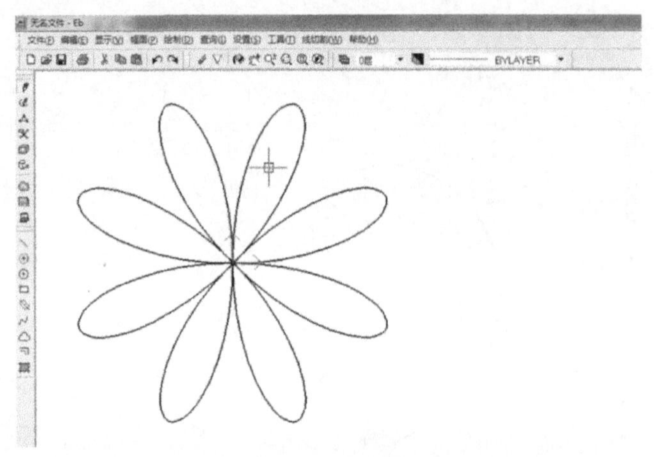


**图 5-8　玫瑰线**

（5）星形线

曲线方程：

$$X(t)=40\cos^3(t) \quad （0°<t<360°，精度为 0.1mm） \qquad (5.20)$$

$$Y(t)=40\sin^3(t) \qquad (5.21)$$

如图 5-9 所示。

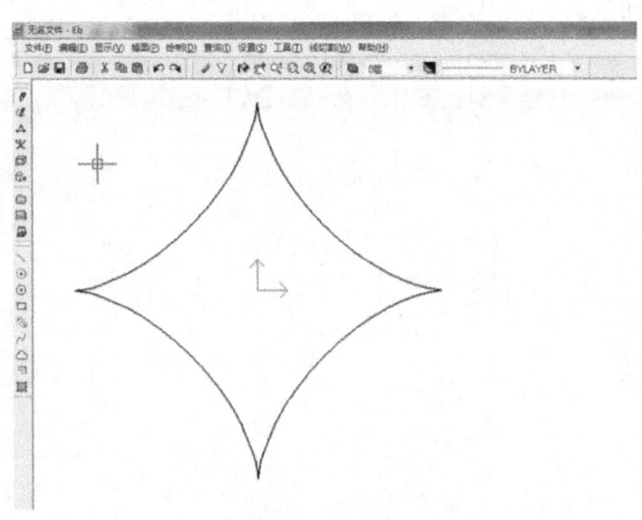


**图 5-9　星形线**

### 5.3.3 AutoCAD 曲线建模

AutoCAD 是现如今使用得最为广泛的一种绘图软件，它具有强大的二维绘图能力，建模的过程方便简洁，只需要知道所需建立的模型的一些相对应的参数，就可以使用 AutoCAD 的样条曲线、旋转、修剪、镜像等绘图功能，进行二维建模，如图 5-10 所示。

在 AutoCAD 中将模型建立完成之后，在保存时将其以图形交换文件 DXF 格式输出。

图 5-10　雪花模型的建立

## 5.4 雪花模型的建立

### 5.4.1 雪花形状介绍

雪花的形状各式各样，如果把雪花放在放大镜下，就会发现每片雪花都是各不相同的，这使得许多艺术家都赞叹不止。雪花大都属于六方晶系，所以每个雪花都是六角形的。雪花的“胚胎”是小冰晶，如果周围的空气稀薄就会有利于雪花的形成，冰晶就会增长得很慢，并且各边都在均匀地增长；如果周围的空气浓度很高，那么冰晶在发展过程中不但增长很快，而且形状有时也会变化。在冰晶增长的同时，冰晶附近的水汽会被消耗。有时，在这里甚至有升华过程，以致水汽被输送到其他地方去。这样就使得角棱和枝叉更为突出，而慢慢地形成了我们所熟悉的星状雪花。

因此，自然界中的雪花是在下落的过程中一边下落一边形成，就这样随着时间的推移雪花的模型就逐渐形成，这也就是为什么自然界中会形成复杂多样的雪花形状了，如图 5-11 所示。

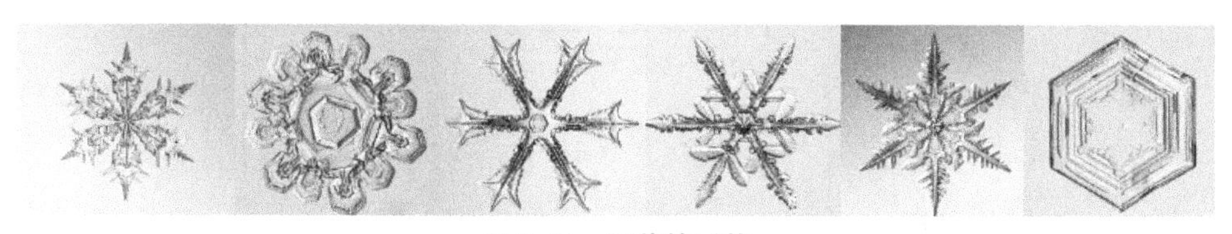

图 5-11　雪花的形状

### 5.4.2 Koch 雪花模型

1904 年 Helge Von Koch 研究了一种他称之为雪花的图形，他将一个等边三角形的各条边都三等分，在中间的那一段上再凸起一个小正三角形，这样一直做下去，如图 5-12 所示，所得图像的形状类似雪花。

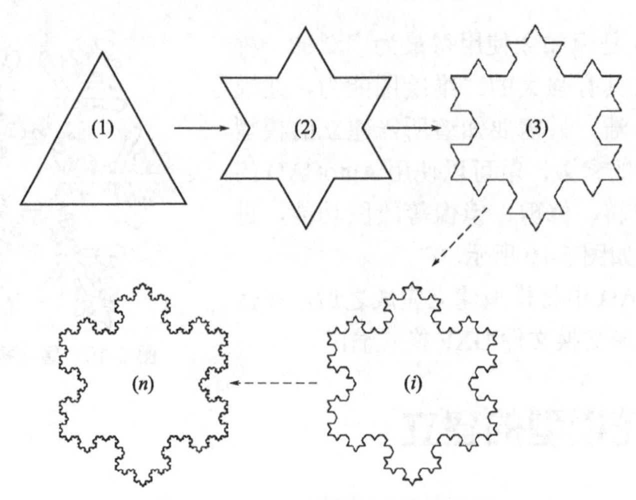


图 5-12 Koch 雪花形成的示意图

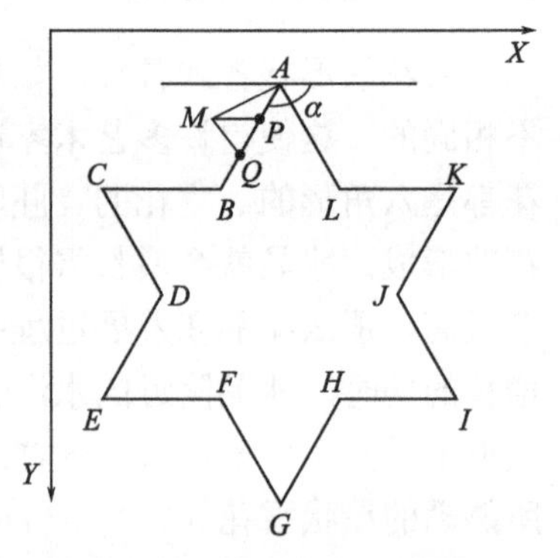


图 5-13 Koch 雪花模型

通过观察图 5-13 可以发现，Koch 雪花是由一些线段构成的。为了模拟，我们可以按逆时针方向，把它们看作有向线段。这些有向线段可以分为六类：

① 与 $X$ 轴夹角为 −120° 的有向线段；

② 与 $X$ 轴夹角为 180° 的有向线段；

③ 与 $X$ 轴夹角为 −60° 的有向线段；

④ 与 $X$ 轴夹角为 0° 的有向线段；

⑤ 与 $X$ 轴夹角为 60° 的有向线段；

⑥ 与 $X$ 轴夹角为 120° 的有向线段。

用坐标表示，靠近起点的 $P$ 点的坐标：

$$\begin{cases} x(P)=x_A+\dfrac{1}{3}\sqrt{(y_B-y_A)^2+(x_B-x_A)^2}\cos\alpha \\ y(P)=y_A+\dfrac{1}{3}\sqrt{(y_B-y_A)^2+(x_B-x_A)^2}\sin\alpha \end{cases} \tag{5.22}$$

突出点 $M$ 的坐标：

$$\begin{cases} x(M)=x_A+\dfrac{1}{2\cos 30^\circ}\sqrt{(y_B-y_A)^2+(x_B-x_A)^2}\cos(\alpha-30^\circ) \\ y(M)=y_A+\dfrac{1}{2\cos 30^\circ}\sqrt{(y_B-y_A)^2+(x_B-x_A)^2}\sin(\alpha-30^\circ) \end{cases} \tag{5.23}$$

靠近终点的 $Q$ 点的坐标：

$$\begin{cases} x(Q)=x_A+\dfrac{2}{3}\sqrt{(y_B-y_A)^2+(x_B-x_A)^2}\cos\alpha \\ y(Q)=y_A+\dfrac{2}{3}\sqrt{(y_B-y_A)^2+(x_B-x_A)^2}\sin\alpha \end{cases} \tag{5.24}$$

利用上述公式，可以计算出图 5-12（$i$）中的每一个有向线段凸出一个等边三角形所需要的三个点的坐标，依次把这些点连接起来，就能够得到图 5-12（$i$+1），再用此方法依次凸出等边三角形，循环下去就可以得到所谓的 Koch 雪花图形。

采用 AutoCAD 完成 Koch 雪花模型的绘制，如图 5-14 所示，以图形交换文件 DXF 格式输出。

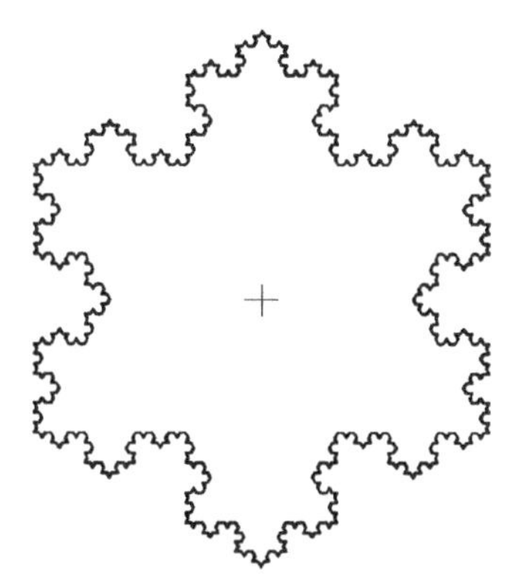

图 5-14　Koch 雪花模型图

### 5.4.3　对实际雪花采用仿形法建模

上述雪花模型为理想模型，在现实生活中雪花的形状往往是千奇百怪的，形状与理想模型的差异较大，为了能够更加贴近现实中的雪花模型，因此采用自然界中的雪花形状模仿其大致轮廓进行建模。图 5-15 为雪花模型的自然界实体，采用 AutoCAD 对该模型进行仿形建模如图 5-16 所示。

图 5-15　雪花模型

图 5-16　雪花的仿形模型

## 5.5 DXF 图形文件的介绍

DXF 是一种图形文件交换的方式，它也是许多 CAD/CAM 软件所共享互换的一种开放的图形交换数据文件。它包含组代码与符号，其中包括实体命令和几何数据信息等数据文件，还包括了所对应图形数据库中所有信息。DXF 文件格式有 ASCII 文件格式和二进制文件，其中 ASCII 文件操作方便简洁，比较常用。对于一个完整的DXF文件，它的结构包括六个文件段和一个结束符（EOF）标志：各个段都有多个组（GROUP）组成，每一组都会对应有一个组代码，后面紧跟的是被称为组值的数字或字符串。

# 第6章 基于CAXA线切割的轨迹仿真及程序生成

## 6.1 CAXA线切割XP软件介绍

CAXA线切割XP软件是国内自主研发的一个软件，它主要针对国产的高速走丝电火花线切割机床的编程软件，可输出3B、4B及ISO加工程序。

### 6.1.1 CAXA线切割XP软件主界面

CAXA主界面主要包括：绘图功能区、菜单系统和状态栏三部分。

（1）绘图功能区

绘图功能区是用户进行绘图设计的主要工作区域，它占据了屏幕的大部分面积。中央区有一个垂直坐标系，该坐标系称为世界坐标系，在绘图区用鼠标或键盘输入的点，均以该坐标系为基准，两坐标轴的交点即为原点（0，0）；同时该区域也是图像显示和轨迹仿真的区域。

（2）菜单系统

CAXA线切割XP的菜单系统包括：下拉菜单、图标工具栏、立即菜单和工具菜单四部分。

（3）状态栏

屏幕的最底部为状态栏，它包括当前点坐标值的显示、操作信息提示、工具菜单状态提示、点捕捉状态提示和命令与数据输入这5项功能。

### 6.1.2 CAXA线切割XP基本功能介绍

（1）绘制功能

绘制功能主要包含绘制曲线、高级曲线、工程标注等功能，如图6-1所示；

通过绘制功能可以完成一些简单零件的绘制。

（2）查询功能

查询功能主要包含点坐标、两点距离、角度等功能，如图 6-2 所示。它能完成一些简单的查询过程，有利于更好地绘制图形。

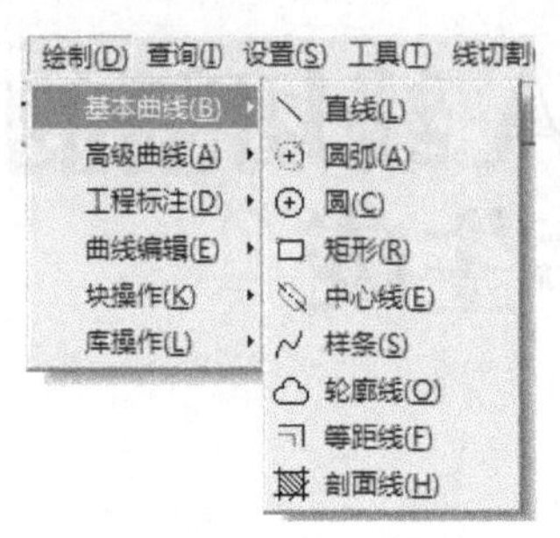


图 6-1 CAXA 绘制功能

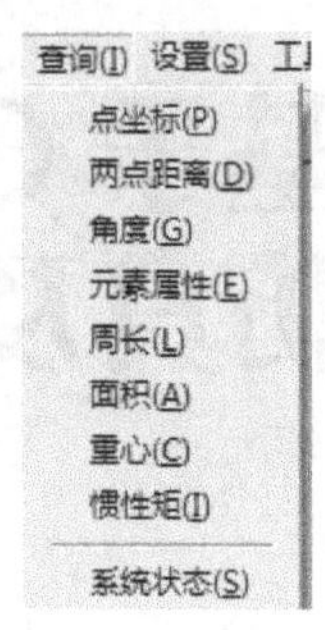


图 6-2 查询功能

（3）线切割功能

线切割主要包含轨迹生成、轨迹仿真、生成 3B 代码、校核 B 代码等功能，如图 6-3 所示，这也是该软件的核心，生成加工程序的重要组成部分。它能对绘制的曲线和以 DXF 格式导入的图形进行轨迹仿真和代码生成。

（4）CAXA 线切割 XP 中导入 DXF 格式图形

在 CAXA 线切割 XP 中导入 DXF 格式的文件是一个相当重要的步骤，因为 CAXA 线切割 XP 自带的绘图功能弱，对于一些简单的图形绘制还是可以实现的。但是对于复杂的图形，只能借助 AutoCAD 进行复杂曲线的绘制，然后将绘制好的图形以图形交换文件 DXF 格式导入到 CAXA 中。具体的导入步骤如图 6-4 所示。

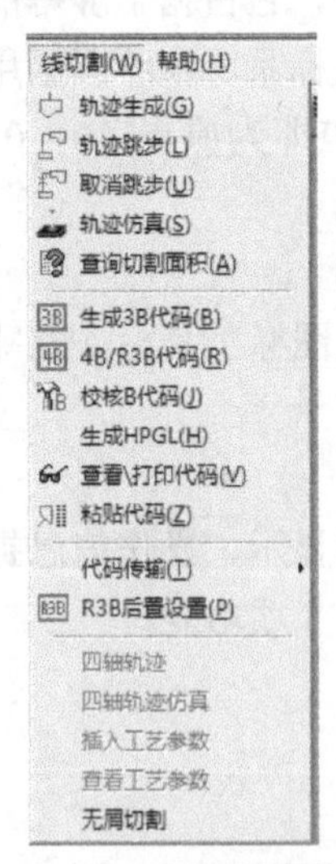


图 6-3 线切割功能

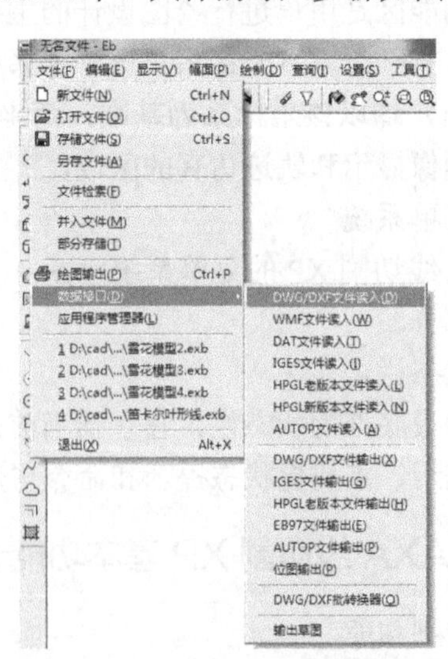


图 6-4 DXF 文件导入 CAXA 过程

通过上述的操纵方法，顺利将绘制好的模型导入到 CAXA 线切割 XP 中，如图 6-5 所示，这样就完成了 AutoCAD 与 CAXA 线切割 XP 之间的连接与交流，为生成 3B 程序做了良好的铺垫。

**图 6-5　DXF 格式文件导入成功**

# 6.2　CAXA 线切割中的轨迹仿真及程序生成

## 6.2.1　仿真技术

调试 NC 程序以前使用的方法通常是实际加工木质或塑料模型。通过检测加工模型的实际结果与设计要求之间的差异，再进行编辑和修改程序。这种方法费工费料，代价昂贵，提高了生成成本，而且推迟了产品加工的时间，延长生产周期。后来又开始使用轨迹显示的办法，即用计算机控制绘图仪，拿笔来代替刀具，用纸代替毛坯来仿真刀具的实际运动轨迹生成二维图形。这种方法可以检查出一些大的错误，但是它的运动轨迹的显示仅仅适用于二维图形，对于三维图形无法生成，并且和实际加工情况相差很大。因此，人们一直在研究能够代替试切样品的仿真方法，并且开始在试切环境的模型化、仿真计算和图形显示等方面取得重要的突破，正在向模型的精确化、仿真计算的实时性和图形显示的真实感方向发展。

## 6.2.2　轨迹仿真及程序生成步骤

在 CAXA 绘图并进行轨迹仿真步骤如下。

（1）绘制需要轨迹仿真的零件图

选择高级曲线→正多边形如图 6-6 所示。

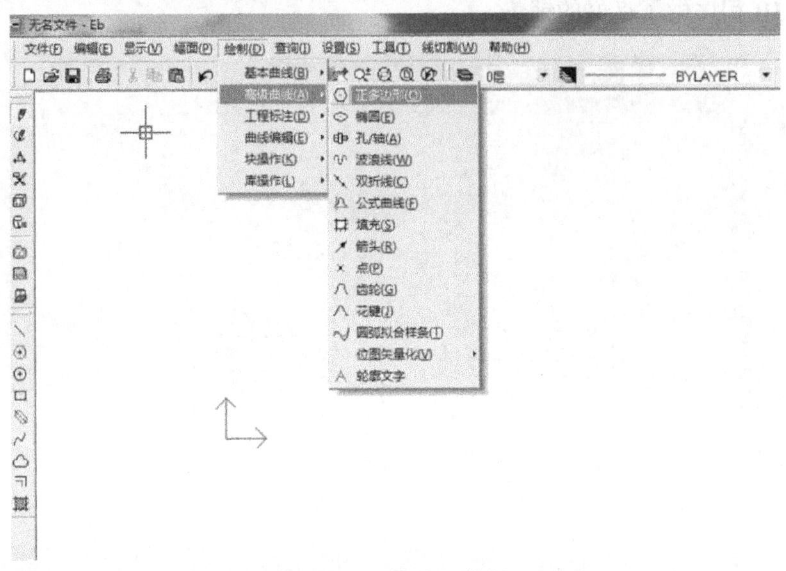


**图 6-6　正多边形绘制**

（2）图形绘制完成

六边形如图 6-7 所示。

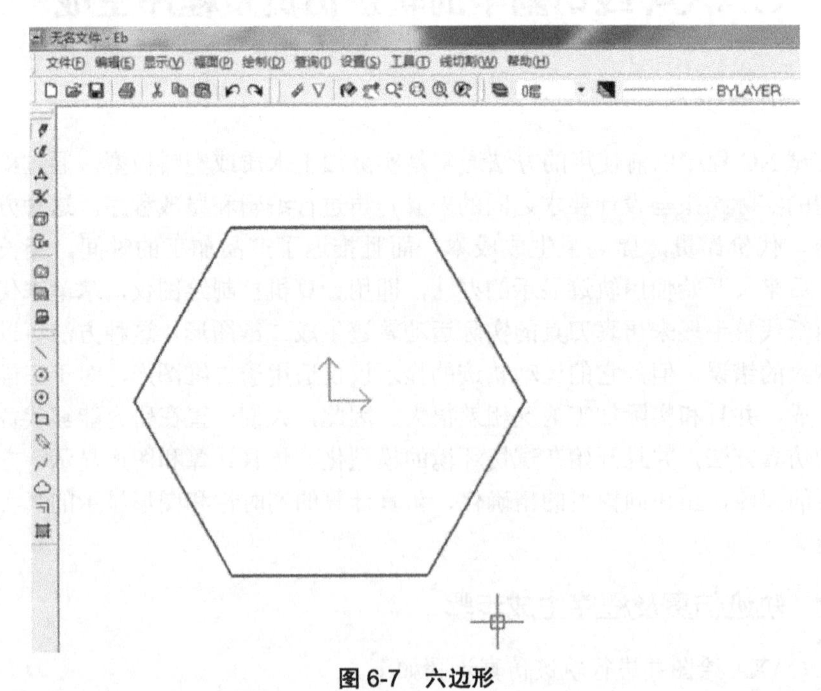


**图 6-7　六边形**

（3）轨迹生成

先选择轨迹生成，然后选择零件轮廓，如图 6-8 所示。

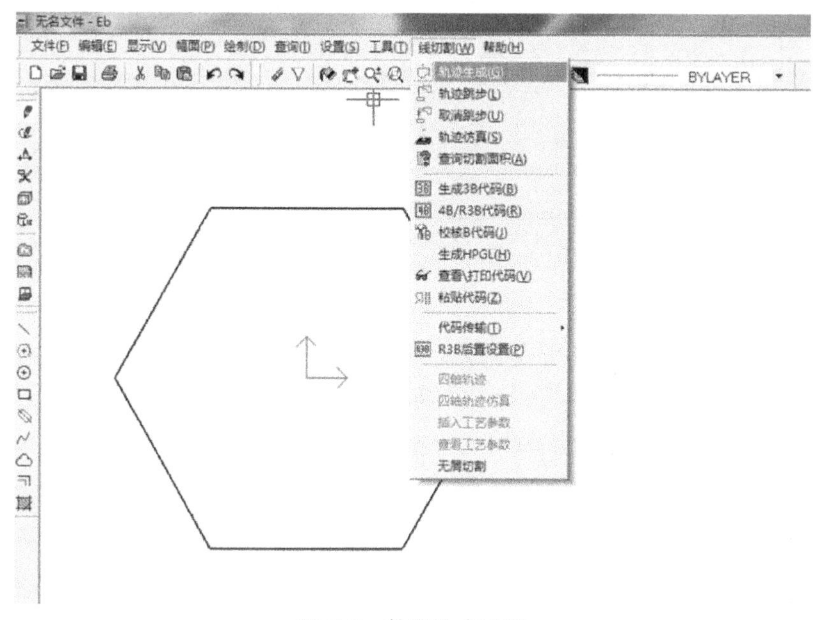


图 6-8　轨迹生成过程

（4）轨迹生成中的参数设置

① 切割参数设置如图 6-9 所示。

② 偏移量、补偿量设置如图 6-10 所示。偏移量、补偿量的设置对于加工精度的影响颇大，设置偏移量实际上是确定钼丝中心轨迹的过程。

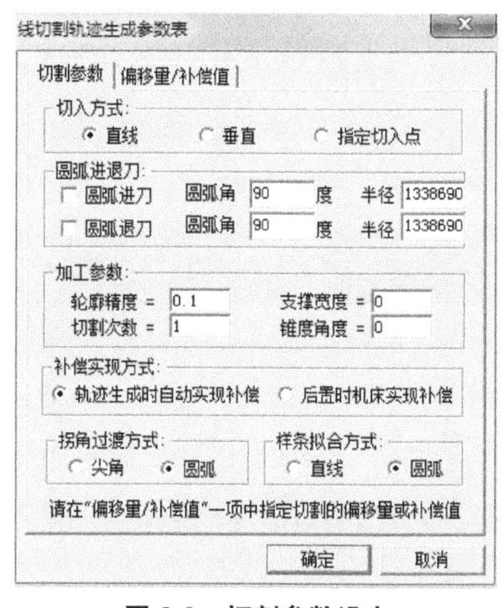


图 6-9　切割参数设定

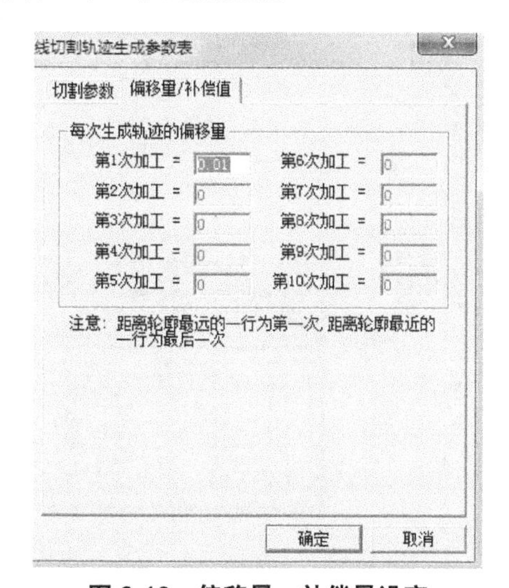


图 6-10　偏移量、补偿量设定

（5）加工轨迹生成

加工轨迹如图 6-11 所示。

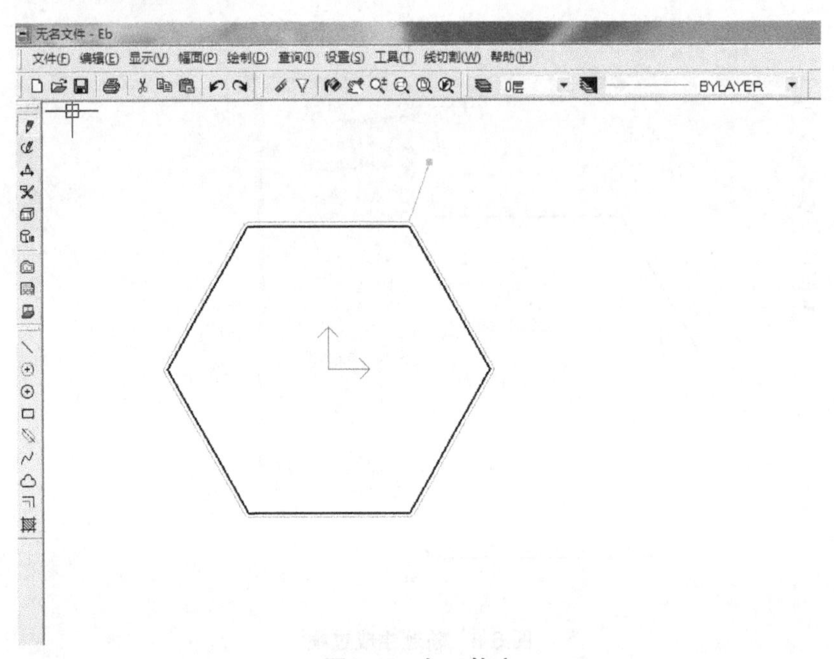


图 6-11 加工轨迹

（6）3B 程序的生成

选择线切割中的“生成 3B 程序”，根据软件提示的步骤将六边形的加工程序生成，如图 6-12 所示。

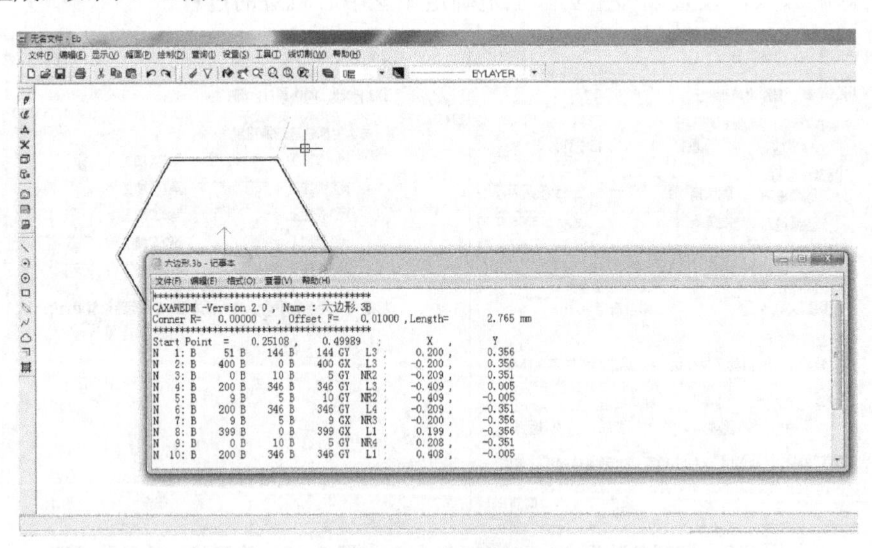


图 6-12 加工程序

### 6.2.3　复杂曲线的3B程序

（1）渐开线的加工程序（如图6-13所示）

渐开线的绘制在第5章已有介绍，具体加工程序见附录Ⅰ。

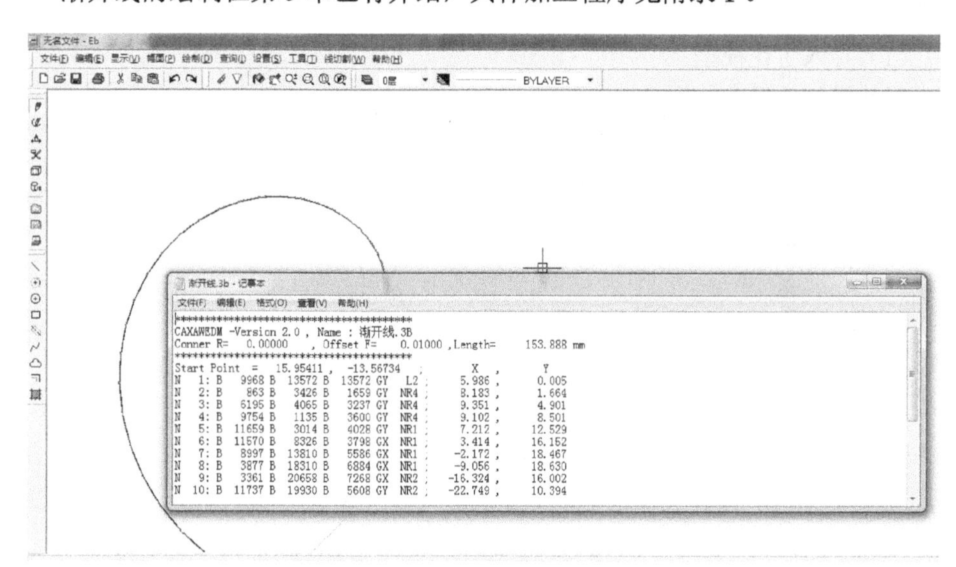


**图6-13　渐开线的加工程序**

（2）心形线的加工程序（如图6-14所示）

心形线的绘制过程在第5章已经介绍，具体加工程序见附录Ⅱ。

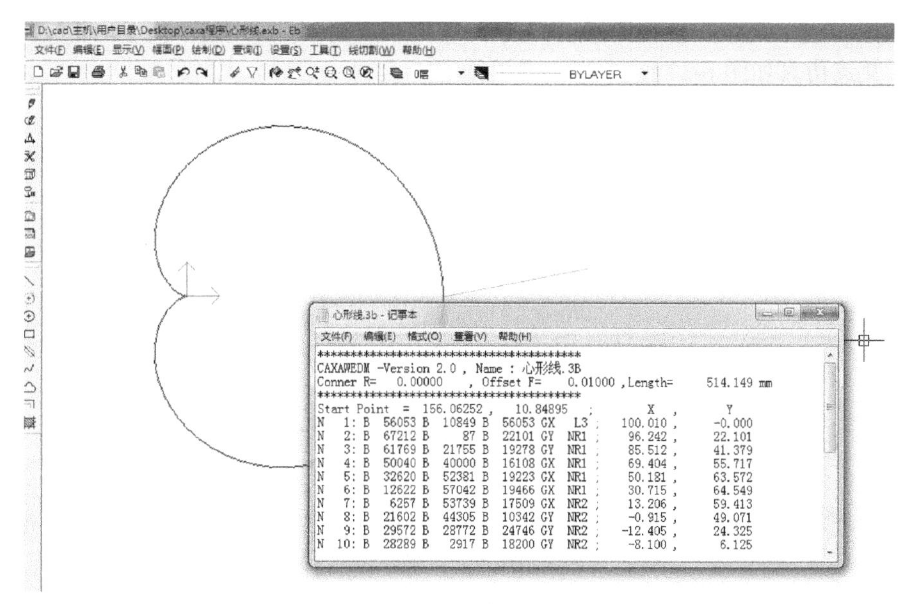


**图6-14　心形线的加工程序**

# 6.3 雪花模型的轨迹仿真及程序生成

## 6.3.1 仿形法得到的雪花模型的轨迹仿真及程序生成

（1）导入雪花模型

雪花模型的导入如图 6-15 所示。

图 6-15 雪花模型的导入

（2）加工轨迹生成及仿真

因为雪花模型结构复杂，所以导入之后需要对模型进行边缘修改使得雪花的轮廓成为一个整体，这样轨迹才能顺利生成；最终完成加工轨迹，如图 6-16 所示；轨迹仿真如图 6-17 所示。

图 6-16 加工轨迹

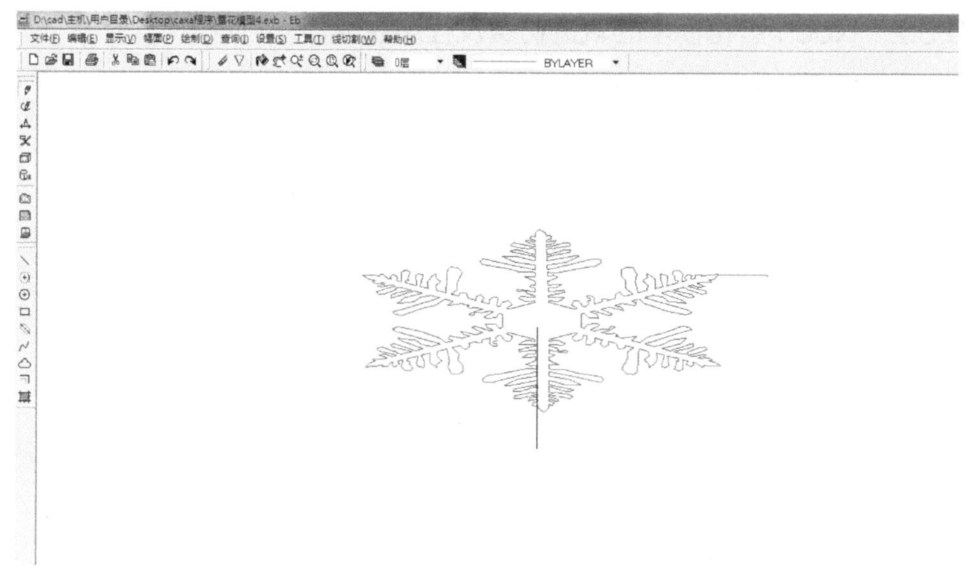


**图 6-17　轨迹仿真**

（3）3B 程序生成

在雪花模型生成程序的过程中，首先需要确定切入点，因为如果切入点选择不合适会影响加工的整个过程，甚至会出现过切或者是破坏加工好的零件的情况。一般情况下选择雪花模型的最外侧作为加工切入点。最终完成加工程序，如图 6-18 所示，见附录Ⅲ。

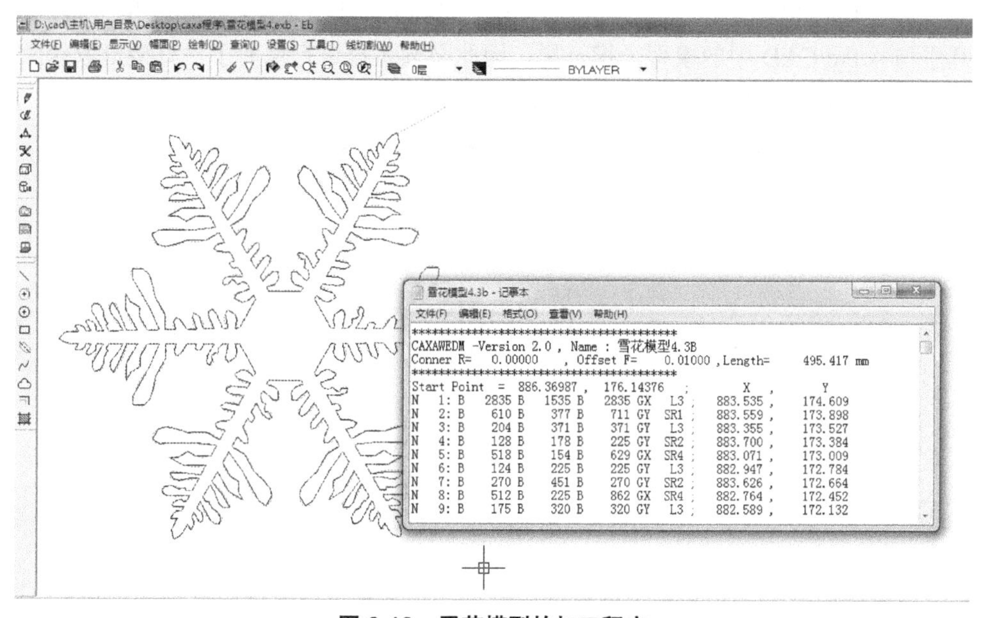


**图 6-18　雪花模型的加工程序**

## 6.3.2 Roch 雪花模型的轨迹仿真及程序生成

（1）Roch 雪花模型的导入

将 Roch 雪花模型从 AutoCAD 导入到 CAXA 中，如图 6-19 所示。

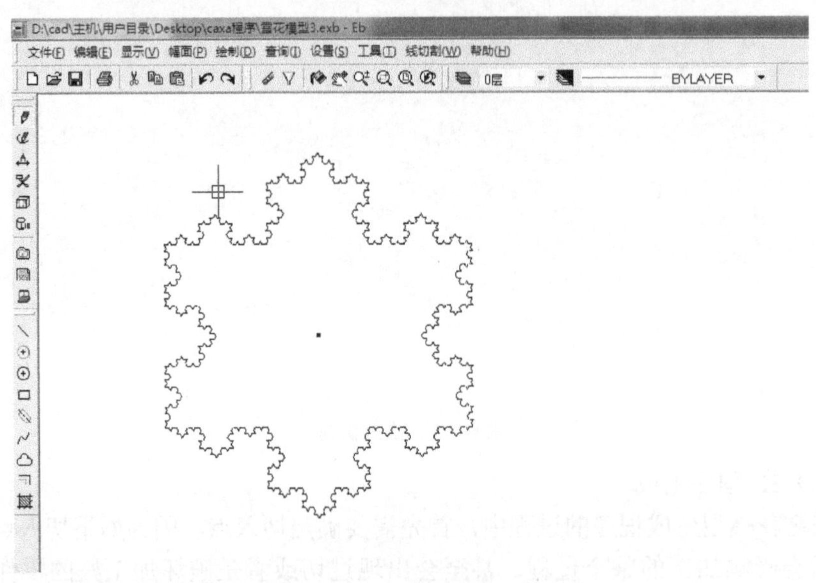


图 6-19 Roch 雪花模型导入

（2）轨迹仿真

由于该模型都是由直线组成的，因此在导入之后 CAXA 识别的精度很高，几乎与 Au to CAD 中的模型一模一样，因此必须要再进行修剪了，直接拾取轮廓就可以完成轨迹仿真了，如图 6-20 所示。

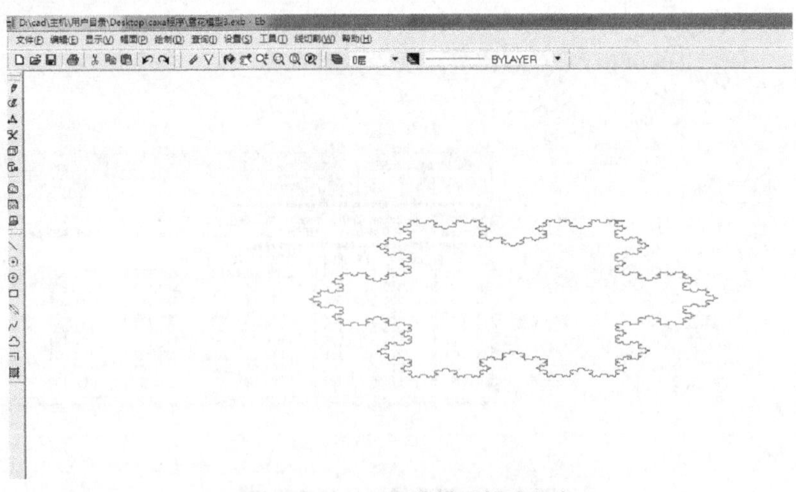


图 6-20 Roch 雪花模型轨迹仿真

（3）3B 程序生成

如图 6-21 所示，具体程序见附录Ⅳ。

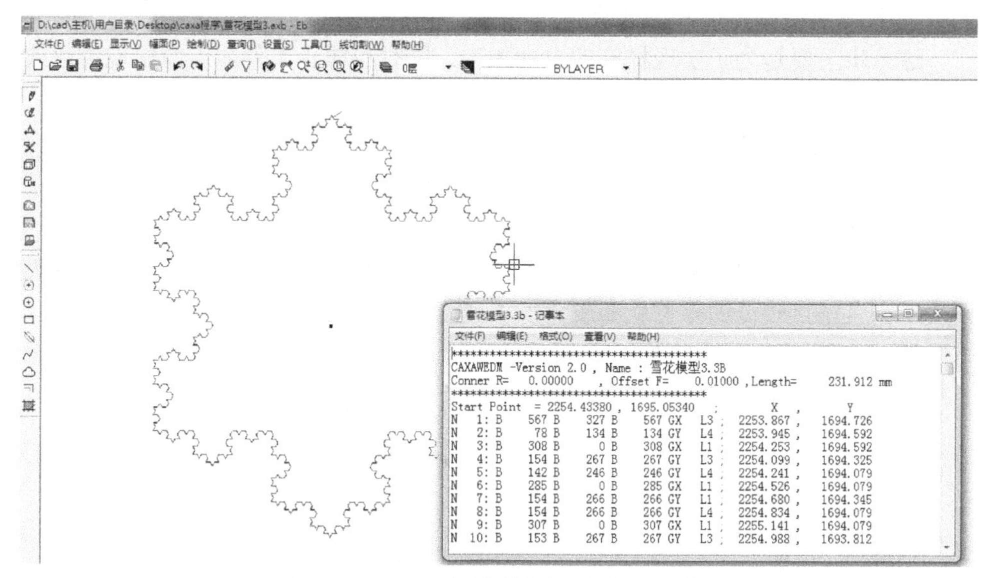


**图 6-21　Roch 雪花模型的 3B 加工程序**

# 6.4　雪花模型的加工过程

（1）将加工程序导入到机床中

在电火花线切割机床中导入由 CAXA 线切割 XP 生成的 3B 程序，具体操作过程是：进入 HL 系统线切割机床的主界面→选择文件调入→选择 USB 盘→找到 USB 盘中的 Roch 雪花模型的加工程序→打开→存盘（将文件存入到 D 盘虚拟盘中）→程序顺利导入到机床控制系统中。

（2）模拟切割

模拟切割主要是先检查一下，看程序导入之后是否正确，有无更改具体的形状。具体操作：先选择模拟切割→调入需要模拟切割的程序→在窗口中自动生成图形→放大调整检查零件图与设计是否一致。

（3）工件的装夹

工件的装夹精度是决定一个零件最终加工精度的重要因素，工件的装夹具体包括工件的安装定位、夹紧；由于本次加工的零件，简单只需要采用通用夹具装夹即可，如图 6-22 所示。

**图 6-22　工件的装夹**

（4）正式加工（如图 6-23 所示）

① 启动电动机和水泵。

② 机床进给锁定、高频开启。

这一步主要是为了实现机床的自动加工，同时也防止工件加工前出现滑丝或者导致工件与钼丝接触。

③ 打开切割控制界面。

④ 将需要加工零件的程序导入到加工控制面板中。

⑤ 调整加工参数。

由于加工的材料不同，所以设置机床的加工参数就非常重要，如加工铝这类硬度不高且熔点较低的零件就要放慢加工速度，防止出现粘接断丝或短路。

⑥ 正式开始切割，如图 6-23 所示。

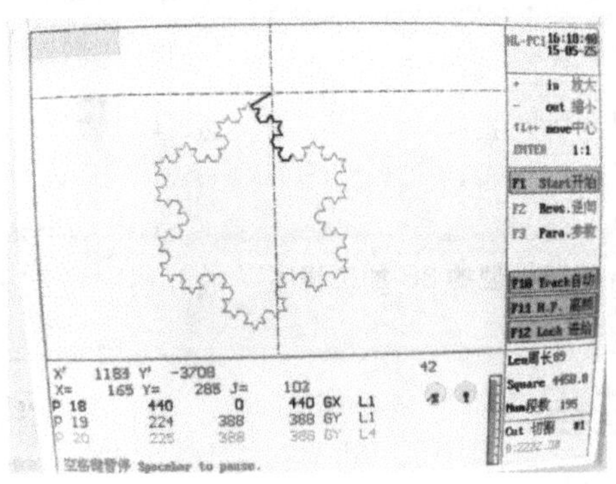


(a) 操作界面

(b) 具体加工过程

图 6-23　正式切割

（5）加工完成

最终完成的 Roch 雪花模型实体，如图 6-24 所示。

(a) 材料为铝

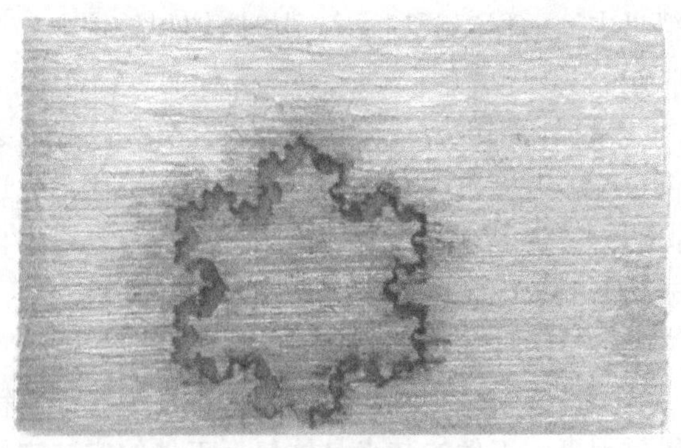

(b) 材料为钢

图 6-24　Roch 雪花模型实体

第7章

# 电火花线切割表面质量控制及断丝原因分析

## 7.1 电火花线切割加工工艺参数分析

电火花线切割加工是一个多参数、多因素控制、复杂的加工过程，就现今而言，人们对于电火花线切割加工的微观表面的掌握不是那么全面，如果想对加工过程及加工的机理有比较准确的认识是相当困难的。但是可以确定的是，加工精度、表面粗糙度、电极损耗和加工效率是高速往复走丝电火花线切割加工的质量指标。影响高速往复走丝线切割一次切割加工工艺的因素很多，比如峰值电流、脉冲宽度、脉冲间隔、工件厚度、空载电压、加工深度、加工面积、控制和驱动系统、机床精度、电极丝振动、偏移量、电极形状、电极丝材料、工件材料以及工作液种类等。

### 7.1.1 电火花线切割加工质量指标

（1）加工精度

加工精度是在电火花线切割加工过程中控制加工质量一个重要指标。它是指加工以后工件的实际尺寸与图纸要求的设计尺寸之间的差值，差值越小证明加工的精度越高。国内的高速电火花线切割机床的加工精度在 ±0.01mm 左右。

（2）表面粗糙度

加工的表面粗糙度也称加工表面的完整性。关于工件的表面质量的控制最重要的一点就是表面粗糙度。表面粗糙度体现的不仅仅是加工表面的光滑程度，更重要的是体现加工表面的完整性。表面粗糙度和表面显微结构是零件加工质量控制的主要参数指标，常用轮廓算术平均偏差 *Ra* 来表示。

（3）电极丝的损耗

在电火花线切割加工过程中，电极丝的损耗是避免不了的，我们希望的是能够降低电极丝的损耗从而减少对加工精度的影响。因为随着电极丝的直径越来越小，那么在加工之前设置的偏移量就会偏大，导致切割出来的工件比原来的大。如果采用的是高速往复切割加工方法，这种方法本来就加工精度低，再加上电极丝的损耗，加工精度就会更受影响。如果采用的是低速一次切割加工，首先低速的加工精度较高，而单次加工电极的损耗可以忽略不计，这种方法可提高电火花线切割的加工精度。

（4）加工速度

加工速度是指单位时间内电极丝在工件上切割过的总面积，单位为 $mm^2/min$。在国内的电火花线切割机床中，通常加工速度在 80 ～ $120mm^2/min$，而国外的电火花线切割机床的加工速度在 120 ～ $200mm^2/min$。

高速走丝与低速走丝电火花线切割加工机床的比较如表 7-1 所示。

**表 7-1 高速走丝与低速走丝电火花线切割加工机床的比较**

| 比较内容 | 高速走丝电火花线切割机床 | 低速走丝电火花线切割机床 |
|---|---|---|
| 走丝速度 | 6 ～ 12m/s | 1 ～ 10m/min |
| 走丝方向 | 往复 | 单向 |
| 工作液 | 乳化液 | 去离子水（高压喷射） |
| 电极材料 | 钼丝、钨钼丝 | 铜丝 |
| 高频脉冲电源 | 等频低压低峰值电流 | 窄脉宽高峰值电流 |
| 加工间隙 | 0.01 ～ 0.03mm | 0.04 ～ 0.12mm |
| 切割速度 | 80 ～ $120mm^2/min$ | 120 ～ $200mm^2/min$ |
| 加工精度 | 0.01 ～ 0.02mm | 0.005 ～ 0.01mm |
| 表面粗糙度 | *Ra*2.50 ～ 5.00μm | *Ra*0.63 ～ 1.25μm |
| 最大切割厚度 | 600 ～ 1000mm | 500mm |
| 加工费用 | 成本低，电极丝反复使用 | 费用高，电极丝一次使用 |

## 7.1.2 影响加工质量指标的因素

（1）影响加工精度的因素

影响电火花线切割加工精度的因素主要有机床工作台的传动精度、控制系统的控制精度、走丝的平稳性、丝架和导轮在工作时所发生的跳动、工件材料不同导致放电间隙的变化，以及电极丝的损耗等。

（2）影响加工表面质量的因素

电火花线切割加工的表面质量除了受机械系统的影响外，还与脉冲宽度、脉冲间隔、工件材料、峰值电流、电极的极性以及工作液种类等有重要关系。

① 脉冲宽度　在切割加工过程中，脉冲的宽度决定着每次加工的长度，这样就会影响表面粗糙度，即脉冲宽度越宽，工件的表面粗糙度值越大，工件表面

质量越差。

② 脉冲间隔　脉冲间隔即放电间隔，放电间隔越小，加工过程中的电流就会很大，单位时间内加工的长度就越长，速度越快，从而导致加工的表面质量就会变差。

③ 峰值电流　峰值电流是决定切割速度的另一因素，峰值电流越大，切割的速度就会越大，速度增大就会导致表面质量变差，而且由于电流过大也会导致电极丝的损耗增大。

④ 工件材料　工件材料和厚度对工件表面质量的影响也是不可忽略的。工件太薄，电极丝的抖动加大，表面质量就变差；工件过厚，加工的稳定性较差，但是电极丝的抖动小，表面质量更好。

⑤ 工件极性　当脉冲宽度较大时，工件正极性，表面质量好；当脉冲宽度较小时则相反。

⑥ 工作液种类　由于工作液是电火花线切割加工的主要降温手段，所以它的类型对表面质量的影响是至关重要的。不同的工作液加工出的工件的表面质量不同，在国内的高速走丝电火花线切割机床大部分采用的是乳化液，同时应定期更换，因为干净的乳化液有利于加工出更理想的表面。

（3）电极丝损耗影响因素分析

影响电极丝损耗的因素主要有脉冲宽度、脉冲间隔、峰值电流、电极丝材料及工作液等。

① 脉冲宽度　在一定条件下，脉冲宽度越大，电极损耗就会相应减少，当增大到一定值时，就会产生电弧，影响加工过程的正常进行。

② 脉冲间隔　脉冲间隔越小，加工电流越大，电极损耗也就越大。

③ 峰值电流　在一定脉冲宽度下，脉冲峰值电流增大，在短时间能量过于集中，将引起电极损耗加大。

④ 加工极性　若选用不符合的极性加工，电极损耗将会大幅度增加。

## 7.2　编程精度对加工精度的影响

在编程过程中有一些坐标的计算存在着估算，那么所采用的估算值就与实际值产生了偏差，这就导致编程的精度会影响到具体的加工过程，最终导致加工精度降低。另外，在一些零件的绘制过程中存在着绘图误差，这也将影响到编程过程进而影响加工过程。种种原因都会给加工过程带来较大的误差。

### 7.2.1　编程误差产生的原因

（1）近似计算导致编程误差

我们经常在一些角度所需精度较高的零件上发现，加工角度与设计角度的误差较大，通过研究发现程序并没有问题，机床的加工精度也满足条件，那么问题究竟出在那儿？先看这样一个例子：

【例】在第一象限内加工一条长为20mm，倾角为15°的直线，那么，该直线在$X$轴和$Y$轴上的投影分别为：

$$X=20\cos 15°=19.31851652$$

$$Y=20\sin 15°=5.17638090$$

而在实际编程中只能取到微米，即$X$=19.319mm，$Y$=5.176mm

因此加工程序为：B 19319 B 5176 B 19319 GX L1

而按照这个加工程序加工的工件的斜率：

$$K=\frac{5.176}{19.319}$$

arctan$K$=14°59′47″和原来的15°相差13″，这也就导致了编程误差的产生。

（2）绘图误差导致编程误差

在使用AutoCAD绘图的过程中，通常采用保留两位小数的方法，在绘制一条斜线时，如果斜线的长度一定，那么它在$X$轴和$Y$轴的投影就会存在误差，这就会导致编程误差的产生。

【例】在第一象限内加工一条长为20mm、倾角为15°的直线，如图7-1所示。

在绘图过程中15°的倾角可以绘制得非常准确，几乎没有误差，但是在CAXA中导入AutoCAD图时是以图形交换文件DXF格式导入的，也就是说在导入的过程中，不能将15°倾角这个参数导入，而是将直线的所有端点导入到CAXA线切割XP中去，如图7-2所示，那么，直线在$X$轴和$Y$轴上的投影分别为：

$$X=20\cos 15°=19.31851652$$

$$Y=20\sin 15°=5.17638090$$

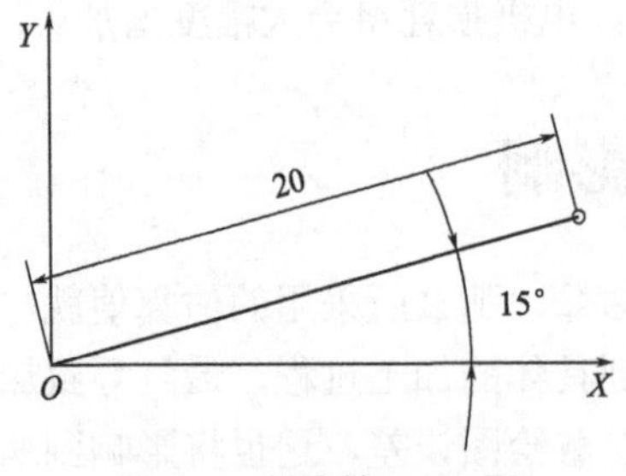


图7-1 斜线的CAD图

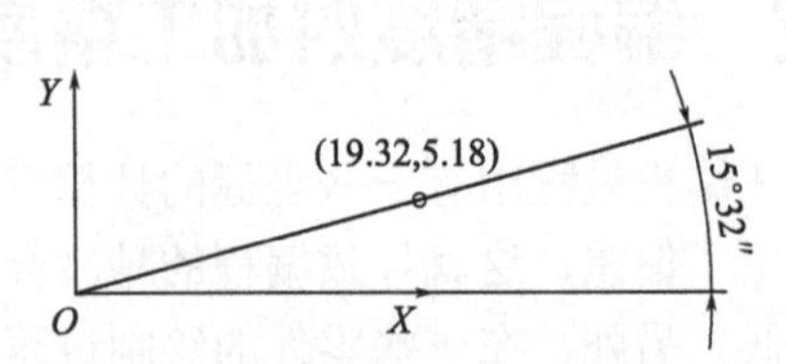


图7-2 导入到CAXA中的斜线

由于AutoCAD的绘图精度是0.01mm，即导入到CAXA线切割中的直线为起点坐标（0，0），终点坐标（19.32，5.18）这样的一条直线，该直线的斜率为：

$$K=\frac{5.18}{19.32}$$

arctan$K$=15° 0′ 32″ 比之前设计的 15° 大了 32″，这就是由于绘图误差而产生的加工误差。

（3）程序的走向及起点的选择导致的编程误差

为了避免材料内部组织的内应力对加工精度的影响，除了考虑工件在坯料中取出的位置之外，还必须合理地选择程序的走向和起点，如图 7-3 所示，加工程序引入点为 $A$，起点为 $a$，则走向可有：

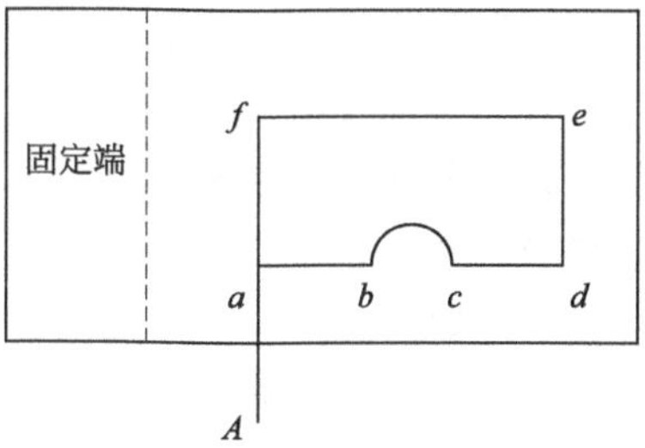

图 7-3　工件的加工路线图

① $A \to a \to b \to c \to d \to e \to f \to a \to A$

② $A \to a \to f \to e \to d \to c \to b \to a \to A$

若选②走向，则在线切割过程中，工件和易变形的部分相连接，会带来较大的误差；如选①可减小或避免这种影响。无论哪种走向，其切割精度都会受到材料变形的影响。

另外程序的起点（一般也是终点）选择不当，会使切割表面上残留切痕，尤其当起（终）点选在圆滑表面上时，其残痕更为明显，所以尽可能把起（终）点选在切割表面的拐角处、精度要求不高的表面上及容易修整的表面上。

### 7.2.2　如何减少编程误差

电火花线切割属于特种加工的一种，同时它也属于高精度加工，那么既然属于高精度加工，则它的加工误差就应该很小。电火花线切割机床的运动精度很高，它并不会影响加工精度，影响加工精度的主要因素还是编程精度。由于编程精度很多时候不会被发现，因此要想减少编程误差，必须设法提高近似计算的精度，减少绘图误差，如：在用手动编程时，取四位小数；在用 AutoCAD 绘图时将绘图的精度设置为三位小数。

## 7.3　断丝原因分析与解决方法

在电火花线切割加工过程中，由于过程的复杂性、机械部分的损耗及加工参数的选择不恰当，都会导致频繁出现断丝现象。断丝开始时，加工过程的波动较大，放电比较集中，从而使热量过于集中而导致丝被烧断。S.T.Newman 等认为断丝前间隙电压的脉冲频率上升，能量集中，短路脉冲增多，温度的升高使得电极丝的机械强度发生变化，引起断丝（引用）。为了有效地避免断丝，有必要对断丝出现的原因进行分析。通过电火花线切割加工电极丝损耗实验研究发现，断丝出现的原因主要有以下几种情况。

（1）机床部件的磨损

在加工过程中发现断丝之后存在断丝处分叉的现象，这是由于电极丝与机床之间剧烈摩擦所致。可能的原因是：电极丝由于在安装过程中有一处没有安装到导轮当中，使得电极丝与机床之间剧烈磨损，导致断丝；由于导块与电极丝的接触不良出现导块对电极丝放电，使得导块被破坏出现凹槽，使其与电极丝之间的摩擦增大而导致断丝。因此为了避免由此而导致的断丝，需要在安装过程中确保电极丝在导轮内，且在一定的时间内若发现导块受损需及时更换导块。

（2）电极丝振动

在长时间加工时，丝筒上电极丝正反向运动的张力不一样，这不仅会使得正反加工速度不一致，还会降低加工的稳定性，也会由于电极丝伸长导致张力下降。张力下降会导致电极丝振动加剧，不仅会触发断丝保护，还会引起短路而发生断丝。出现这种情况一般要进行张力控制，或者当电极丝松时进行人工紧丝。

（3）电极丝的状况

新安装的电极丝表面有一层黑色氧化物，加工时火花较大，切割速度过快，放电能量太大，加工也不太稳定，易引起断丝。因此对于新电极丝，应适当降低电流，等到电极丝发白以后，再加载正常的电流。

（4）电极丝上的烧伤点

电极丝在加工一些材质较软的工件时，很容易粘接加工屑，但是一旦粘接以后就会造成一个恶性循环，粘接点会越来越大，最后发生断丝。避免这种情况的方法是，在加工材质较软的材料时，适当降低加工电流和加工速度，这样就能降低断丝的概率。

（5）工作液

加工时发现工作液的使用时间与断丝也有关系，在参数一定的条件下，一般新换的工作液更易出现断丝。原因是新鲜的工作液里蚀除颗粒的含量少，工作液的绝缘性能强，放电的时候爆炸力大，对电极的损耗较大，容易发生断丝，更容易出现烧丝的现象。

（6）工件的内应力

工件在生产制造过程中不可避免地产生内应力。在电火花线切割加工中，工件的内应力不断得以释放。在工件加工到某处时，内应力过大，就会出现夹丝的现象，从而导致断丝。因此在条件允许时，可对工件进行热处理，消除或者降低工件内应力。

（7）电参数

从放电能量的角度考虑，如果在加工过程中电参数的选择不当，就会造成瞬间的能量密度过大，发生烧丝现象。因此在加工时，需要根据具体情况选择合适的电参数。

# 附录 I

CAXAWEDM-Version 2.0，Name：渐开线 .3B

Conner R= 0.00000 ，Offset F=0.01000，Length=153.888mm

| Start Point | = | 15.95411， | −13.56734 | ; | X ， | Y |
|---|---|---|---|---|---|---|
| N 1: B | 9968 B | 13572 B | 13572 GY | L2; | 5.986， | 0.005 |
| N 2: B | 863 B | 3426 B | 1659 GY | NR4; | 8.183， | 1.664 |
| N 3: B | 6195 B | 4065 B | 3237 GY | NR4; | 9.351， | 4.901 |
| N 4: B | 9754 B | 1135 B | 3600 GY | NR4; | 9.102， | 8.501 |
| N 5: B | 11659 B | 3014 B | 4028 GY | NR1; | 7.212， | 12.529 |
| N 6: B | 11570 B | 8326 B | 3798 GX | NR1; | 3.414， | 16.152 |
| N 7: B | 8997 B | 13810 B | 5586 GX | NR1; | −2.172， | 18.467 |
| N 8: B | 3877 B | 18310 B | 6884 GX | NR1; | −9.056， | 18.630 |
| N 9: B | 3361 B | 20658 B | 7268 GX | NR2; | −16.324， | 16.002 |
| N 10: B | 11737 B | 19930 B | 5608 GY | NR2; | −22.749， | 10.394 |
| N 11: B | 19914 B | 15718 B | 8256 GY | NR2; | −27.082， | 2.138 |
| N 12: B | 26364 B | 8115 B | 9559 GY | NR2; | −28.265， | −7.421 |
| N 13: B | 29155 B | 1496 B | 5366 GY | NR3; | −27.486， | −12.787 |
| N 14: B | 29307 B | 7081 B | 5291 GY | NR3; | −25.674， | −18.078 |
| N 15: B | 28715 B | 12916 B | 5033 GY | NR3; | −22.828， | −23.111 |
| N 16: B | 26661 B | 18506 B | 3895 GX | NR3; | −18.933， | −27.735 |
| N 17: B | 23414 B | 23774 B | 4792 GX | NR3; | −14.141， | −31.649 |
| N 18: B | 19664 B | 29270 B | 7444 GX | NR3; | −6.697， | −35.456 |
| N 19: B | 22651 B | 21889 B | 22651 GX | L1; | 15.954， | −13.567 |
| N 20: DD | | | | | | |

# 附录Ⅱ

CAXAWEDM-Version 2.0，Name：心形线 .3B

Conner R=0.00000 ，Offset F=0.01000，Length=514.149mm

| Start Point | = | 156.06252， | 10.84895 | ; | X ， | Y |
|---|---|---|---|---|---|---|
| N 1: B | 56053 B | 10849 B | 56053 GX | L3; | 100.010， | −0.000 |
| N 2: B | 67212 B | 87 B | 22101 GY | NR1; | 96.242， | 22.101 |
| N 3: B | 61769 B | 21755 B | 19278 GY | NR1; | 85.512， | 41.379 |
| N 4: B | 50040 B | 40000 B | 16108 GX | NR1; | 69.404， | 55.717 |
| N 5: B | 32620 B | 52381 B | 19223 GX | NR1; | 50.181， | 63.572 |
| N 6: B | 12622 B | 57042 B | 19466 GX | NR1; | 30.715， | 64.549 |
| N 7: B | 6257 B | 53739 B | 17509 GX | NR2; | 13.206， | 59.413 |
| N 8: B | 21602 B | 44305 B | 10342 GY | NR2; | −0.915， | 49.071 |
| N 9: B | 29572 B | 28772 B | 24746 GY | NR2; | −12.405， | 24.325 |
| N 10: B | 28289 B | 2917 B | 18200 GY | NR2; | −8.100， | 6.125 |
| N 11: B | 12103 B | 7387 B | 7715 GX | NR3; | −0.385， | 0.029 |
| N 12: B | 324 B | 32 B | 324 GX | L4; | −0.061， | −0.003 |
| N 13: B | 2660 B | 11477 B | 4754 GY | NR2; | −7.075， | −4.757 |
| N 14: B | 21047 B | 16081 B | 16648 GY | NR2; | −12.510， | −21.405 |
| N 15: B | 39405 B | 398 B | 24720 GY | NR3; | −3.469， | −46.125 |
| N 16: B | 37673 B | 30216 B | 14674 GX | NR3; | 11.205， | −58.375 |
| N 17: B | 25566 B | 46933 B | 17032 GX | NR3; | 28.237， | −64.201 |
| N 18: B | 9334 B | 57337 B | 19309 GX | NR3; | 47.546， | −64.093 |
| N 19: B | 10584 B | 60304 B | 19505 GX | NR4; | 67.051， | −57.111 |
| N 20: B | 31124 B | 55190 B | 13529 GY | NR4; | 83.666， | −43.582 |
| N 21: B | 49407 B | 43359 B | 18743 GY | NR4; | 95.211， | −24.839 |
| N 22: B | 62091 B | 24883 B | 24838 GY | NR4; | 100.011， | −0.001 |
| N 23: B | 56052 B | 10850 B | 56052 GX | L1; | 156.063， | 10.849 |
| N 24: DD | | | | | | |

# 附录Ⅲ

CAXAWEDM-Version 2.0，Name：仿形雪花模型 .3B

Conner R=0.00000　　，Offset F=0.01000，Length=495.417mm

| Start Point | = | 886.36987， | 176.14376 | ; | X ， | Y |
|---|---|---|---|---|---|---|
| N 1: B | 2835 B | 1535 B | 2835 GX | L3; | 883.535， | 174.609 |
| N 2: B | 610 B | 377 B | 711 GY | SR1; | 883.559， | 173.898 |
| N 3: B | 204 B | 371 B | 371 GY | L3; | 883.355， | 173.527 |
| N 4: B | 128 B | 178 B | 225 GY | SR2; | 883.700， | 173.384 |
| N 5: B | 518 B | 154 B | 629 GX | SR4; | 883.071， | 173.009 |
| N 6: B | 124 B | 225 B | 225 GY | L3; | 882.947， | 172.784 |
| N 7: B | 270 B | 451 B | 270 GY | SR2; | 883.626， | 172.664 |
| N 8: B | 512 B | 225 B | 862 GX | SR4; | 882.764， | 172.452 |
| N 9: B | 175 B | 320 B | 320 GY | L3; | 882.589， | 172.132 |
| N 10: B | 585 B | 7087 B | 1420 GX | SR2; | 884.009， | 172.107 |

| N 555: B | 139 B | 241 B | 241 GY | L1; | 882.431， | 173.366 |
|---|---|---|---|---|---|---|
| N 556: B | 178 B | 324 B | 520 GX | SR3; | 882.567， | 174.058 |
| N 557: B | 1 B | 10 B | 6 GY | SR2; | 882.577， | 174.052 |
| N 558: B | 102 B | 256 B | 256 GY | L4; | 882.679， | 173.796 |
| N 559: B | 261 B | 451 B | 451 GY | L1; | 882.940， | 174.247 |
| N 560: B | 737 B | 418 B | 549 GX | SR2; | 883.489， | 174.655 |
| N 561: B | 2 B | 10 B | 4 GY | SR2; | 883.499， | 174.651 |
| N 562: B | 35 B | 43 B | 43 GY | L4; | 883.534， | 174.608 |
| N 563: B | 2836 B | 1535 B | 2836 GX | L1; | 886.370， | 176.143 |
| N 564: DD | | | | | | |

# 附录Ⅳ

CAXAWEDM-Version 2.0，Name：Roch 雪花模型 3.3B

Conner R=0.00000 ，Offset F=0.01000，Length=231.912mm

```
Start Point   =   2254.43380，1695.05340   ;    X  ,    Y
N   1: B   567 B   327 B   567 GX   L3；  2253.867，  1694.726
N   2: B    78 B   134 B   134 GY   L4；  2253.945，  1694.592
N   3: B   308 B     0 B   308 GX   L1；  2254.253，  1694.592
N   4: B   154 B   267 B   267 GY   L3；  2254.099，  1694.325
N   5: B   142 B   246 B   246 GY   L4；  2254.241，  1694.079
N   6: B   285 B     0 B   285 GX   L1；  2254.526，  1694.079
N   7: B   154 B   266 B   266 GY   L1；  2254.680，  1694.345
N   8: B   154 B   266 B   266 GY   L4；  2254.834，  1694.079
N   9: B   307 B     0 B   307 GX   L1；  2255.141，  1694.079
N  10: B   153 B   267 B   267 GY   L3；  2254.988，  1693.812


N 763: B   154 B   266 B   266 GY   L1；  2252.902，  1694.345
N 764: B   154 B   266 B   266 GY   L4；  2253.056，  1694.079
N 765: B   285 B     0 B   285 GX   L1；  2253.341，  1694.079
N 766: B   142 B   246 B   246 GY   L1；  2253.483，  1694.325
N 767: B   154 B   267 B   267 GY   L2；  2253.329，  1694.592
N 768: B   308 B     0 B   308 GX   L1；  2253.637，  1694.592
N 769: B   154 B   267 B   267 GY   L1；  2253.791，  1694.859
N 770: B    76 B   133 B   133 GY   L4；  2253.867，  1694.726
N 771: B   567 B   327 B   567 GX   L1；  2254.434，  1695.053
N 772: DD
```

# 附录V

CAXAWEDM-Version 2.0，Name：2 倍雪花 .3B

Conner R=0.00000　　，Offset F=0.10000，Length=177.403mm

| Start Point | = | 2257.25576， | 1703.71220 | ; | X ， | Y |
|---|---|---|---|---|---|---|
| N 1: B | 3379 B | 1895 B | 3379 GX | L3; | 2253.877， | 1701.817 |
| N 2: B | 416 B | 720 B | 720 GY | L4; | 2254.293， | 1701.097 |
| N 3: B | 831 B | 0 B | 831 GX | L1; | 2255.124， | 1701.097 |
| N 4: B | 0 B | 100 B | 150 GY | SR1; | 2255.210， | 1700.947 |
| N 5: B | 415 B | 720 B | 720 GY | L3; | 2254.795， | 1700.227 |
| N 6: B | 386 B | 669 B | 669 GY | L4; | 2255.181， | 1699.558 |
| N 7: B | 774 B | 0 B | 774 GX | L1; | 2255.955， | 1699.558 |
| N 8: B | 415 B | 719 B | 719 GY | L1; | 2256.370， | 1700.277 |
| N 9: B | 87 B | 50 B | 100 GY | SR2; | 2256.544， | 1700.278 |
| N 10: B | 416 B | 720 B | 720 GY | L4; | 2256.960， | 1699.558 |

| | | | | | | |
|---|---|---|---|---|---|---|
| N 253: B | 758 B | 0 B | 758 GX | L1; | 2252.400， | 1699.558 |
| N 254: B | 394 B | 683 B | 683 GY | L1; | 2252.794， | 1700.241 |
| N 255: B | 407 B | 706 B | 706 GY | L2; | 2252.387， | 1700.947 |
| N 256: B | 87 B | 50 B | 113 GX | SR3; | 2252.473， | 1701.098 |
| N 257: B | 815 B | 0 B | 815 GX | L1; | 2253.288， | 1701.098 |
| N 258: B | 416 B | 720 B | 720 GY | L1; | 2253.704， | 1701.818 |
| N 259: B | 87 B | 50 B | 100 GY | SR2; | 2253.878， | 1701.818 |
| N 260: B | 3378 B | 1894 B | 3378 GX | L1; | 2257.256， | 1703.712 |
| N 261: DD | | | | | | |

# 参考文献


[1] 伍端阳．数控电火花线切割加工实用教程．北京：化学工业出版社，2015．

[2] 郭艳玲．数控高速走丝电火花线切割加工实训教程．北京：机械工业出版社，2013．

[3] 郭洁民．模具电火花线切割技术问答．北京：化学工业出版社，2009．